U1070751

语音识别与控制应用技术

刘幺和　宋庭新　编著

科学出版社
北京

内 容 简 介

随着计算机处理能力的不断提高，语音识别技术得到了迅速发展，支持语音识别的各种产品纷纷面世。同时，近几年工业机器人技术和信息家电技术正在向智能化、模块化和系统化的方向发展。研究工业控制领域的语音识别技术，开发实用的语音识别和控制系统，对于语音识别技术的普及与应用具有十分重要的意义。本书主要介绍语音识别及其在控制领域的应用技术开发方法，对语音识别的原理和模型、语音信号处理方法、硬件和软件开发平台进行了介绍，对语音识别在 Web 中的应用、语音控制软件的设计和语音远程控制技术以及语音控制器等内容都结合实例讲解了其开发过程。

本书可以作为高等学校计算机、测控和机电等专业本科生和研究生的学习参考书，也可以作为相关领域技术人员的参考资料。

图书在版编目(CIP)数据

语音识别与控制应用技术/刘幺和，宋庭新编著.—北京：科学出版社，2008

ISBN 978-7-03-020982-5

Ⅰ.语… Ⅱ.①刘… ②宋… Ⅲ.①语音识别-研究②语音数据处理-研究 Ⅳ.TN912.3

中国版本图书馆 CIP 数据核字(2008)第 011631 号

责任编辑：耿建业 杨 然/责任校对：陈玉凤
责任印制：赵 博/封面设计：耕者

科学出版社出版
北京东黄城根北街 16 号
邮政编码：100717
http://www.sciencep.com
北京厚诚则铭印刷科技有限公司印刷
科学出版社发行 各地新华书店经销
*
2008 年 2 月第 一 版 开本：720×1000 1/16
2024 年 8 月第三次印刷 印张：13 1/4
字数：253 000

定价：98.00 元

（如有印装质量问题，我社负责调换）

前　言

语言作为人类最重要最自然的交流工具，是人类获得信息的重要来源之一，让计算机能“听懂”人类的语言，也是人与计算机之间进行沟通最方便的形式之一。用语音来实现人与计算机之间的交互，主要包括三项技术，即语音识别（auto speech recognition）、自然语言理解（natural language understanding）和语音合成（speech synthesis）。随着计算机处理能力的迅速提高，语音识别技术得到了飞速发展。在 20 世纪 90 年代，语音识别技术从实验室走向了实用，许多公司，如 IBM，Apple，Microsoft 和 AT&T 等都对语音识别技术的实用化投以巨资进行研发。今天，语音识别技术受到了国内外研究机构的广泛关注和高度重视，其应用也必将带来良好的社会和经济效益。

另一方面，从近几年工业控制领域的发展来看，工业机器人技术和信息家电技术正在向智能化、模块化和系统化的方向发展。在生产线上广泛采用工业机器人，不仅可以提高产品质量与产量，而且对保障人身安全、改善劳动环境、减轻劳动强度和提高劳动生产率有着十分重要的意义。同样，在信息家电中，使用语音识别技术的家电产品也越来越多，极大地方便了人们的使用。与计算机网络技术一样，语音识别技术的广泛应用正在日益改变着人类的生产和生活方式。因此，研究工业控制领域的语音识别技术，开发实用的语音识别和控制系统，对于语音识别技术的普及与应用具有十分重要的意义。

本书围绕实际案例和试验，讲解了语音识别的各项开发技术，力争通过实用系统的开发使读者比较全面地掌握语音识别及其在控制领域的应用技术。全书共包括 8 章：第 1 章对语音识别的基本原理和隐马尔可夫模型进行了介绍；第 2 章介绍了常用的语音信号分析和处理方法，包括时域和频域分析、端点检测和隐马尔可夫模型的改进等问题；第 3 章介绍了本书中用到的语音识别开发平台，即 Dialogic 电话语音卡和 Nuance 语音识别软件，并对嵌入式系统开发中的语音识别芯片 UniLite 和开源语音识别工具包 HTK/ATK 进行了介绍；第 4 章介绍了语音识别在 CTI 中的应用，包括 TTS、呼叫中心、IVR 等系统的开发方法；第 5 章结合 SALT 开发包介绍了语音识别技术在 Web 中的应用以及使用 RIA 技术开发富客户端；第 6 章介绍了基于 Nuance 的语音控制软件的设计方法；第 7 章介绍了基于 Web Services 的语音远程控制系统开发方法，对本体和语义 Web 服务的应用进行了介绍；第 8 章介绍了基于凌阳单片机的嵌入式语音控制器的硬件和软件设计方法。

本书涉及内容的研究工作得到了武汉市青年科技晨光计划（编号200750731278）、湖北省教育厅重大项目（编号2003Z002）、湖北省科技厅攻关项目（编号2003AA101C06）以及湖北省自然科学基金（编号2006ABA030）的支持。本书的问世是集体智慧的结晶，感谢谭保华、宋敏、吴坚、张田芳、杨正祥、王鸣辉、沈平和朱清波等为本书内容的研究付出的辛勤劳动。另外，感谢湖北工业大学机械工程学院赵大兴教授和窦宪萍书记对本书出版的大力支持。

尽管全书每一章的内容都经过多次修改，但由于时间仓促，难免存在一些缺点和不足，殷切希望广大读者批评指正。

刘幺和　宋庭新

2007年12月7日

于湖北工业大学

模式识别与智能控制实验室

目　　录

第 1 章　语音识别原理

1.1 引　　言

语言作为人类最重要最自然的交流工具，是人类获得信息的重要来源之一，让计算机能“听懂”人类的语言，也是人与计算机之间进行沟通的最方便的形式之一。用语音来实现人与计算机之间的交互，主要包括三项技术，即语音识别、自然语言理解和语音合成。自动语音识别（auto speech recognition，ASR）的主要任务是完成语音到文字的转变；自然语言理解（natural language understanding）则是完成文字到语义的转换；语音合成（speech synthesis）是用语音方式输出用户想要的信息。

随着计算机处理能力的迅速提高，语音识别技术得到了飞速发展。1952 年，Bell 实验室的 David 等成功研制了可识别十个英文数字的语音识别器系统，这是语音识别研究工作的真正开端。1959 年，Rorgie 和 Forge 采用数字计算机识别英文元音及孤立字，从此开始了计算机语音识别。20 世纪 60 年代，苏联 Matin 等提出了语音结束点的端点检测，使语音识别水平明显上升。Vintsyuk 提出了动态编程，这一提法在以后的识别中不可或缺。70 年代，IBM 公司和 Bell 实验室致力于不同的研究方向，IBM 的目的是设计一个语音打印机，能够将讲话者讲的内容转换成文字显示在屏幕和打印纸上；Bell 实验室的研究方向是研制针对公众的语音电话服务，如语音拨号。80 年代，统计方法的应用是识别算法的又一次飞跃，值得一提的是隐马尔可夫模型（hidden Markov model，HMM），典型的做法是：以 HMM 为统一框架，构建识别系统模型。进入 90 年代后，多媒体时代呼唤语音识别系统从实验室走向实用。许多著名的大公司，如 IBM，Apple，Microsoft，AT&T 和 NTT 都对语音识别系统的实用化研究投以巨资。语音识别技术有一个很好的评估机制，那就是识别的准确率，而这项指标在 90 年代中后期实验室研究中得到不断的提高[1]。今天，语音识别技术受到了国内外研究机构的广泛关注和高度重视，其应用也必将带来良好的社会和经济效益。

1.2 语音识别基础

1.2.1 语音识别的基本原理

面向不同任务的语音识别系统有多种设计方案，但系统的结构和模型思想大致相同。语音识别系统本质上是一种模式识别系统，包括特征提取、模式匹配、参考模式库等三个基本单元，它的基本结构如图 1-1 所示[2]。

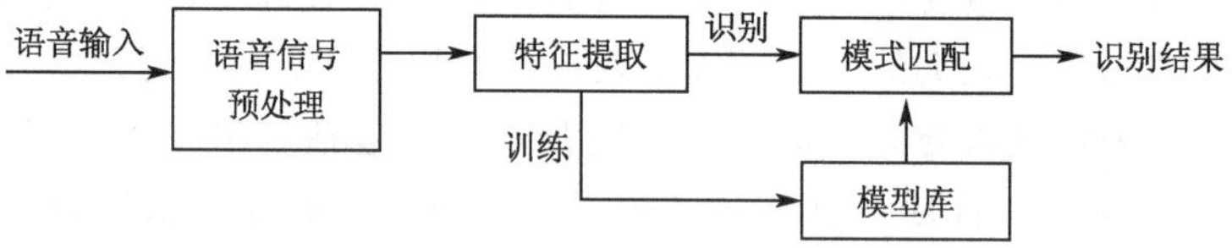

图 1-1 语音识别过程

未知（待识别）语音经过话筒变换成电信号（即语音信号）后加在识别系统的输入端，首先经过预处理，再根据人的语音特点建立语音模型，对输入的语音信号进行分析，并抽取所需的特征，在此基础上建立语音识别所需的模板。而计算机在识别过程中要根据语音识别的模型，将计算机中存放的语音模板与输入的语音信号的特征进行比较，根据一定的搜索和匹配策略，找出一系列最优的与输入语音匹配的模板。然后根据此模板的定义，通过查表就可以给出计算机的识别结果。显然，这种最优的结果与特征的选择、语音模型的好坏、模板是否准确都有直接的关系。

1.2.2 语音识别的方法

目前具有代表性的语音识别方法主要有特征参数匹配法、隐马尔可夫法和神经网络法[3]。特征参数匹配法是一种传统的模式识别方法，其要点是：在训练过程中从训练语句中提取出代表语音本质的特征参数；在识别过程中，从待识别语音信号中按同样的处理方法提取出语音参数。应用某种不变的测度，寻求语音参数与模板参数之间的相似性，用似然函数进行判决。语音参数与模板参数的匹配是语音识别系统的核心，同一个音由不同的人发出或同一个人在不同时刻发出，不可能具有完全相同的时间长度，因此不能简单的把语音参数与模板参数匹配。日本学者板仓提出的动态规整技术，采用一种最优化算法——动态规整法，通过将待识别语音信号的时间轴进行不均匀地扭曲和弯曲，使待测语音特征与模板特征对齐，并在两者之间不断的进行两个矢量距离最小的匹配路径计算，从而获得两个矢量匹配时累积距离最小的规整函数。这是一个将时间规整和距离测度有机结合在一起的非线性规整技术，保证了待识别特征与模板特征之间最大的声学相似特性和最小的时差失真，是成功解决模式匹配问题最早和最常用的方法。

HMM 是一种参数表示的用于描述随机过程统计特性的概率模型，它是由 Markov 链演变来的，所以它是基于参数模型的统计识别方法。由于其模式库是通过反复训练形成的与训练输出信号吻合概率最大的最佳模型参数而不是预先储存好的模式样本，且其识别过程中运用待识别语音序列与 HMM 参数之间的似然概率达到最大值所对应的最佳状态序列作为识别输出，因此是较为理想的语音识别模型。

基于神经网络的语音识别系统通常由神经元、训练算法及网络结构三大要素构成。目前用于语音识别研究的神经网络主要有：基于反向传播算法的多层感知神经网络、基于 Kohonen 提出的仿生人类大脑皮层信息特征区生理过程形成的特征映射神经网络等，而具有良好的动态时变性能和结构的时延神经网络和良好的动态时间关联特性的循环神经网络是研究热点。

1.3 语音识别模型——隐马尔可夫模型

HMM 是 20 世纪 70 年代引入语音识别领域的，它的出现使得自然语音识别系统取得了实质性的突破。HMM 方法现已成为语音识别的主流技术，目前大多数大词汇量、连续语音的非特定人语音识别系统都是基于 HMM 的。HMM 是对语音信号的时间序列结构建立统计模型，将之看做一个数学上的双重随机过程：一个是用具有有限状态数的 Markov 链来模拟语音信号统计特性变化的隐含的随机过程；另一个是与 Markov 链的每一个状态相关联的观测序列的随机过程[4]。前者通过后者表现出来，但前者的具体参数是不可测的。人的言语过程实际上就是一个双重随机过程，语音信号本身是一个可观测的时变序列，是由大脑根据语法知识和言语需要（不可观测的状态）发出的音素的参数流。可见 HMM 合理地模仿了这一过程，很好地描述了语音信号的整体非平稳性和局部平稳性，是较为理想的一种语音模型。

1.3.1 马尔可夫链

Markov 链描述一个有限状态自动机在时间 T 内的状态变化，在任一离散时刻 t，只能处于有限状态 S 中的某一状态，$S=\{s_1, s_2, \cdots, s_n\}$。用 $X=x_1, x_2, \cdots, x_T$ 表示自动机在 $t=1, 2, \cdots, T$ 时刻所处的状态。这一条状态链产生的概率满足

$$P(x_1, x_2, \cdots, x_T) = \prod_{t=2}^{T} P(x_t | x_1, x_2, \cdots, x_{t-1}) \tag{1-1}$$

这样产生的一条状态链 $X=x_1, x_2, \cdots, x_T$ 称为 Markov 链[4]。假设在任何时刻 t，这个自动机的状态 x_t 为有限状态集 S 中某个状态的概率只取决于它在前一个时刻 $t-1$ 的状态 x_{t-1}，与比 $t-1$ 时刻更早的任何时刻的状态无关。这个假设就是“马尔可夫假设”（Markov assumption），由此产生的状态序列 X 构成了一个离散时域的一阶 Markov 链，式（1-1）变为

$$P(x_1, x_2, \cdots, x_T) = P(x_1)\prod_{t=2}^{T} P(x_t | x_{t-1}) \tag{1-2}$$

设在 $n=1$ 时刻，自动机所在的状态 x_1 取决于一个初始状态概率矢量 $\boldsymbol{\pi}=(\pi_1, \pi_2, \cdots, \pi_n)$，它的每一个分量表示 x_1 等于 s_1 的概率，即

$$\pi_1 = P(x_1 = s_1) \tag{1-3}$$

再用一个 $N\times N$ 维的矩阵 $\mathbf{A}=\{a_{ij}\}$ 来表示在相邻两个时刻中已知前一时刻的状态为 S_i，后一个时刻状态为 S_j 的概率

$$a_{ij} = P(x_{n+1} = S_j | x_n = S_i), \quad i,j = 1,\cdots,N \tag{1-4}$$

因此用初始状态和转移矩阵 $\mathbf{A}$ 就能表示出一个离散一阶 Markov 链的状态变化全过程。

1.3.2 隐马尔可夫模型的定义

对于上节提到的自动机，如果在任何时刻 t，外界都无法观测到系统所在的状态，而只能得到与这个状态有关的一个随机输出矢量 $\boldsymbol{O}_t$，这就构成了一个一阶 HMM。状态 x_t 隐藏在系统内部，外界无法直接看到。输出矢量 $\boldsymbol{O}_t$ 可以是连续分布或者离散分布，相应的概率密度函数或概率分布只取决于 x_t 为何种状态，而与 t 无关。N 个概率密度函数构成了一个矢量 $\boldsymbol{B}=\{b_1(o), b_2(o), \cdots, b_N(o)\}$，这也被称为“输出独立性假设”（output-independent assumption ）。输出独立性假设和上节提到的马尔可夫假设是一阶 HMM 的两个前提假设[5]。

初始状态概率矢量 $\boldsymbol{\pi}$、状态转移概率矩阵 $\mathbf{A}$ 以及概率输出矢量 $\boldsymbol{B}$ 一起构成了 HMM 的三个特征参量，其中，$\mathbf{A}$，$\boldsymbol{B}$，$\boldsymbol{\pi}$ 的元素都是概率；HMM 是一个五元组

$$(\Omega_x, \Omega_o, \mathbf{A}, \boldsymbol{B}, \boldsymbol{\pi})$$

其中

$\Omega_x = \{q_1, \cdots, q_N\}$，表示状态的有限集合；

$\Omega_o = \{v_1, \cdots, v_M\}$，表示观察值的有限集合；

$\mathbf{A}=\{a_{ij}\}, a_{ij}=P(x_{t+1}= q_j | x_t=q_i)$，表示转移概率；

$\boldsymbol{B}=\{b_{ik}\}, b_{ik}=P(\boldsymbol{O}_t=\boldsymbol{v}_k | x_t=q_i)$，表示输出概率；

$\boldsymbol{\pi}=\{\pi_i\}, \pi_i=P(x_1=q_i)$，表示初始状态分布。

HMM 通常可以表示成：$\lambda=(\boldsymbol{\pi}, \mathbf{A}, \boldsymbol{B})$。

由定义得知，HMM 与有限状态的一阶 Markov 链一样用初始分布、状态转

移概率矩阵来描述有限长随机序列的统计特性，但它不同于 Markov 链那样由每一观察即可确知当前所处状态，而是由每一观察仅能估算出当前处于各种状态的概率。这就是说，它具有双重随机性，是一种双重随机过程。

1.3.3 隐马尔可夫模型的三个问题

令 $\lambda=(\boldsymbol{\pi},\boldsymbol{A},\boldsymbol{B})$为给定 HMM 的参数，令 $O=O_1$，…，O_T为观察值序列，这样用 HMM 构成语音识别系统或说话人识别系统，必须解决三个基本的问题[6]。

（1）评估问题

给定一个观察序列 $O=O_1,O_2,\cdots,O_T$ 和一个 HMM $\lambda=(\boldsymbol{\pi},\boldsymbol{A},\boldsymbol{B})$，如何有效地计算 λ 条件下产生观察序列 O 的概率 $P(O|\lambda)$。

（2）解码问题

给定一个观察序列 $O=O_1,O_2,\cdots,O_T$ 和一个 HMM $\lambda=(\boldsymbol{\pi},\boldsymbol{A},\boldsymbol{B})$，如何找到最佳的状态序列，使它产生的观察序列 O 的概率最大。

（3）学习问题

给定一个观察序列 $O=O_1,O_2,\cdots,O_T$ 和一个 HMM $\lambda=(\boldsymbol{\pi},\boldsymbol{A},\boldsymbol{B})$，如何调整参数 λ，使得观察值出现的概率 $P(O|\lambda)$最大。

下面分别讨论这三个问题。

1. 评估问题

（1）前向-后向算法

这个算法用来计算给定一个观察值序列 $O= O_1,\cdots,O_T$ 以及一个模型 $\lambda=(\boldsymbol{\pi},\boldsymbol{A},\boldsymbol{B})$时，由模型 λ 产生出 O 的概率 $P(O|\lambda)$。根据 HMM 定义，$P(O|\lambda)$最直接的求法如下：

对于一个固定的状态序列 $S=q_1,q_2,\cdots,q_T$，有

$$P(O/S,\lambda) = \prod_{t=1}^{\gamma} P(O_i/q_i,\lambda) = b_{q_1}(O_1)b_{q_2}(O_2)\cdots b_{q_T}(O_T) \tag{1-5}$$

而对于给定的 λ，产生 S 的概率为

$$P(S|\lambda) = \pi_{X_1}\prod_{i=2}^{T} a_{X_{i-1}X_i} \tag{1-6}$$

因此，所求概率为

$$P(O|\lambda) = \sum_X P(O,S|\lambda) = \sum_X P(S|\lambda)P(O|S,\lambda) \tag{1-7}$$

显而易见，上式的计算量是十分惊人的，大约为 $2TN^T$ 数量级，当 $N=5$，$T=100$ 时，计算量达 10^{72}，这是完全不能接受的。在此情况下，要求出$P(O/\lambda)$还必须寻求更有效的算法，这就是 Baum 等提出的前向-后向算法。

(2) 前向算法

定义前向变量为 HMM 在时间 t 的输出序列 $O_1,\cdots,O_t$，并且位于状态 S_i 的概率为

$$\alpha_t(i) = P(O_1,\cdots,O_t,x_t = q_i|\lambda) \tag{1-8}$$

那么有

初始化：

$$\alpha_1(i) = \pi_i b_i(O_1),\quad 1 \leqslant i \leqslant N \tag{1-9}$$

递归：

$$\alpha_{t+1}(j) = \left[\sum_{i=1}^{N}\alpha_t(i)a_{ij}\right]b_{jx_{t+1}} \tag{1-10}$$

结果：

$$P(O|\lambda) = \sum_{i=1}^{N}\alpha_T(i) \tag{1-11}$$

这种算法计算量大为减少，变成 $N(N+1)(T-1)+N$ 次乘法和 $N(N-1)(T-1)$ 次加法。这种算法是一种典型的格型结构。

(3) 后向算法

与前向算法类似，定义后向变量为

$$\beta_T(i) = P(O_{t+1},O_{t+2},\cdots,O_T/q_t = \theta_i,\lambda),\quad 1 \leqslant t \leqslant T-1 \tag{1-12}$$

其中，$\beta_T(i)=1$。

类似有

初始化：

$$\beta_T(i) = 1,\quad 1 \leqslant i \leqslant N \tag{1-13}$$

递归：

$$\beta_t(i) = \sum_{j=1}^{N}a_{ij}b_j(O_{t+1})\beta_{t+1}(j),\quad t = T-1,T-2,\cdots,1 \tag{1-14}$$

结果：

$$P(O|\lambda) = \sum_{i=1}^{N}\beta_T(i) \tag{1-15}$$

后向算法的计算量大约在 $2TN$ 数量级，也是一种格型结构。

2. 解码问题：Viterbi 算法

这个算法解决了给定一个观察值序列 $O=O_1,O_2,\cdots,O_T$ 和一个 HMM $\lambda=(\boldsymbol{\pi},\boldsymbol{A},\boldsymbol{B})$，在最佳意义上确定一个状态序列 $Q=q_1,q_2,\cdots,q_T$ 的问题。“最佳”的意义有很多种，由不同的定义可得到不同的结论。这里讨论的最佳意义上的状态序列 Q 是指使 $P(Q,O|\lambda)$ 最大时确定的状态序列 Q。Viterbi 算法可以叙述

如下：

定义 $\delta_t(i)$为时刻 t 时沿一条路径 q_1, q_2，…，q_t，且 $q_t=\theta_i$，产生出 $O=O_1$，O_2，…，O_T 的最大概率，即有

$$\delta_t(i) = \max_{q_1,q_2,\cdots,q_{t-1}} P(q_1,q_2,\cdots,q_t,q_i = \theta_i,O_1,O_2,\cdots,O_t/\lambda) \tag{1-16}$$

那么，求取最佳状态序列 Q 的过程为

初始化：

$$\delta_1(i) = \pi_i b_i(O_1),\quad 1 \leqslant i \leqslant N \tag{1-17}$$

$$\varphi_1(i) = 0,\quad 1 \leqslant i \leqslant N \tag{1-18}$$

递归：

$$\delta_i(j) = \max_{1\leqslant i\leqslant N}[\delta_{t-1}(i)a_{ij}]b_j(O_i),\quad 2 \leqslant t \leqslant T, 1 \leqslant j \leqslant N \tag{1-19}$$

$$\varphi_i(j) = \max_{1\leqslant i\leqslant N}[\delta_{t-1}(i)a_{ij}],\quad 2 \leqslant t \leqslant T, 1 \leqslant j \leqslant N \tag{1-20}$$

结果：

$$P = \max_{1\leqslant i\leqslant N}[\delta_T(i)] \tag{1-21}$$

$$q_T = \arg\max_{1\leqslant i\leqslant N}[\delta_T(i)] \tag{1-22}$$

状态序列：

$$q_i = \varphi_{t+1}(q_{t+1}),\quad t = T-1, T-2, \cdots, 1 \tag{1-23}$$

Viterbi 算法也是一种格型结构，而且类似于前向算法。同样，由后向算法的思想出发，也可推导出 Viterbi 算法的另外一种实现方式。

3. 学习问题：Baum-Welch 算法

该算法解决 HMM 训练，即 HMM 参数估计问题。给定的一个观察序列 $O=O_1,O_2,\cdots,O_T$和一个 HMM $\lambda=(\boldsymbol{\pi},\boldsymbol{A},\boldsymbol{B})$，如何调整参数 λ，使得观察值出现的概率 $P(O|\lambda)$最大。

由式（1-8）和式（1-12）定义的前向和后向变量，有

$$P(O|\lambda) = \sum_{i=1}^{N}\sum_{j=1}^{N} a_t(i)a_{ij}b_j(O_{t+1})\beta_{t+1}(j),\quad 1 \leqslant t \leqslant T-1 \tag{1-24}$$

这里求取 λ，使最大 $P(O|\lambda)$是一个泛函极值问题。但是由于给定的训练序列有限，因而不存在一个最佳的方法来估计 λ。在这种情况下，Baum-Welch 算法利用递归的思想，使 $P(O|\lambda)$局部最大，最后得到模型参数 $\lambda=(\boldsymbol{\pi},\boldsymbol{A},\boldsymbol{B})$。此外，用梯度方法也可以达到类似目的。

定义 $\xi_i(i,j)$为给定训练序列 O 和模型 λ，在时刻 t 时 Markov 链处于 θ_i 状态，在 $t+1$ 时为 θ_j 状态的概率，即

$$\xi_i(i,j) = P(O,q_t = \theta_i, q_{t+1} = \theta_j/\lambda) \tag{1-25}$$

可以推导出

$$\xi_t(i,j)=[\alpha_t(i)a_{ij}b_j(O_{t+1})\beta_{t+1}(j)]/P(O/\lambda) \tag{1-26}$$

那么，时刻 t 时 Markov 链处于 θ_i 状态的概率为

$$\xi_t(i,j)=P(O,q_t=\theta_i/\lambda)=\sum_{j=1}^{N}\xi_t(i,j)=\alpha_t(i)\beta_t(i)/P(O/\lambda) \tag{1-27}$$

因此，$\sum_{t=1}^{T-1}\xi_t(i)$ 表示从 θ_i 状态转移出去的次数的期望值，而 $\sum_{t=1}^{T-1}\xi_t(i,j)$ 表示从 θ_i 状态转移到 θ_j 状态的次数的期望值。由此，导出了 Baum-Welch 算法中著名的重估（reestimation）公式

$$\bar{\pi}_i=\xi_i(i) \tag{1-28}$$

$$\bar{a}_{ij}=\sum_{t=1}^{T-1}\xi_i(i,j)\Big/\sum_{t=1}^{T-1}\xi_i(i) \tag{1-29}$$

$$\bar{b}_{jk}=\sum_{t=1}^{T-1}\xi_i(j)\Big/\sum_{t=1}^{T-1}\xi_i(j) \tag{1-30}$$

那么 HMM 参数 $\lambda=(\boldsymbol{\pi},\boldsymbol{A},\boldsymbol{B})$ 的求取过程为：根据观察值序列 O 和选取的初始模型 $\lambda=(\boldsymbol{\pi},\boldsymbol{A},\boldsymbol{B})$，由上述三个重估公式（1-28）～（1-30）求得一组新参数，得到一个新模型 $\bar{\lambda}=(\bar{\boldsymbol{\pi}},\bar{\boldsymbol{A}},\bar{\boldsymbol{B}})$，可以证明，$P(O/\bar{\lambda})>P(O/\lambda)$，即由重估公式得到的 $\bar{\lambda}$ 比 λ 在表示观察值序列 O 方面要好。那么，重复这个过程，逐步改进模型参数，直到 $P(O/\bar{\lambda})$ 收敛，即不再明显增大，此时的 $\bar{\lambda}$ 即为所求模型。

应当指出 HMM 训练或参数估计问题是 HMM 在语音识别中的关键问题，与前面讨论的两个问题相比，也是最困难的一个问题。Baum-Welch 算法是解决这一问题的经典方法，但并不是唯一的，也不是最完善的方法。

1.3.4 隐马尔可夫模型在语音识别中的应用

1. HMM 状态数的确定

模型的结构包括状态数 N 的确定，每个状态对应的观测事件数 M 的确定，以及 Markov 链形状的确定，这主要由 $\boldsymbol{\pi}$，$\boldsymbol{A}$ 两组参数决定。根据 Rabiner 的实验研究以及国内一些学者的研究经验表明，目前 Markov 链状态数为 6 比较理想，超过 6 个状态的模型计算量太大而识别准确率增加并不明显[7]。

隐马尔可夫模型的结构主要有两种，一种是各态历经的，另一种是从左到右的。状态的转移又可分为吸收的和不吸收的，不吸收是指状态可以从一个任意状态转移到下一个任意状态；吸收的是指状态只能转移到下标等于或大于当前状态下标的那种转移，而且下标小的状态将优先于下标更大的状态，而极少或几乎没有返回到以前状态的可能性。根据语音信号的特性，目前比较常用的是“左-右”吸收转移模型。Bakis 拓扑结构属于这种模型，如图 1-2 所示。

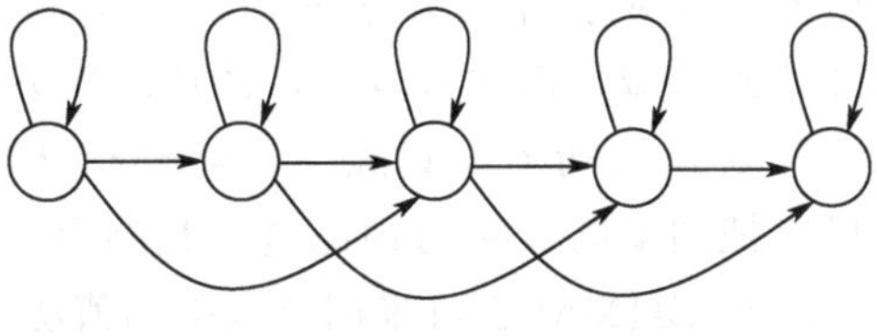

图 1-2 Bakis 拓扑结构

2. 观测序列概率

观测序列概率描述在某状态时观察序列的概率分布。根据对观测序列概率的不同描述，HMM 方法可分为离散的 HMM 和连续的 HMM 以及半连续的 HMM。

对于离散 HMM（DHMM），**B** 就是一个概率矩阵；对于连续 HMM（CHMM）来说，**B** 是每个状态对应观测概率密度函数，该函数是对数凹对称连续分布函数如高斯密度或高斯自回归密度函数，后来推广到椭球对称密度连续分布函数。这样所需存储的参数是不同的，在 DHMM 中，**B** 中直接存储每个状态产生的某个观测事件的概率 $b_j(o_t)$，识别时直接使用 Viterbi 算法即可求出 $P(O/\lambda)$。在 CHMM 中，存储的参数为每个状态 j 的 M_j 个 C_{jm} 权值，用来表示高斯概率密度函数的 M_j 个均值 μ_{jm} 和方差 $\sum_{jm}$，识别时先计算式（1-31）然后使用 Viterbi 算法。

$$b_j(o_t)=\sum_{m=1}^{M_j}C_{jm}N(o_t,\mu_{jm},\sum\nolimits_{jm}),\quad 1\leqslant j\leqslant N \tag{1-31}$$

可见 CHMM 不需要矢量量化，通过特征提取后的特征向量求出均值和方差后使用式（1-31）计算观测概率。

由于 DHMM 存在量化畸变问题影响识别率，而 CHMM 由于每个状态都有不同的概率密度函数从而使训练和识别时计算量比较大，所以有些学者提出了半连续 HMM（SCHMM），该方法结合了连续 HMM 的优点，并且所有模型的所有状态共享 M 个高斯概率密度函数，当 $M=1$ 时，就变成了 DHMM。**B** 矩阵与在 DHMM 中一样直接存储每个状态产生的某个观测事件的概率 $b_j(o_t)$，同时还要存储 M 个高斯概率密度函数的均值 μ_{jm} 和方差 $\sum_{jm}$。识别时，先进行矢量量化，找出较大的 M 个 $b_j(o_t)$ 作为权值，然后像式（1-31）一样求出 $b_j(o_t)$，最后使用 Viterbi 算法求出 $P(O/\lambda)$。

3. 初始状态概率

一般认为初始 $\boldsymbol{\pi}$、状态转移概率 **A** 的初值的选取对模型参数重估的影响不大，所以常采用均匀分布。而观测序列概率 **B** 对参数重估影响较大，当设置不恰当时，使用重估算法达到收敛所需次数较多，并且该算法可能收敛于局部最优解而不是全局最优解。所以 **B** 的初值设置除了均匀分布外，可根据“初值估计原则”进行估计。还可以把初值的设置与训练过程相结合，使用 Viterbi 算法来重新确定初值。另外，对于 CHMM 也可采用分段平均值法。

4. 模型参数重估

模型参数的重估是统计模式识别中最重要的环节，重估性能的好坏直接影响到识别的准确率。目前还没有一个最佳的方法来估计模型，主要还是采用递归思想，即经典的 Baum-Welch 算法，该算法通过递归使 $P(O/\lambda)$ 局部极大。作为基于爬山的算法，该算法有两个优点，一是收敛迅速，二是每一步迭代后似然概率都增大。然而这种方法有一个缺点，就是它只用预先标识好的数据来训练模型，使其似然概率趋于局部最大，但并不能保证这一似然概率比其他模型对应的似然概率大，并且一旦出现这种情况，很容易导致误识。

为了克服这一缺陷，提出了很多改进的方法，最有代表性的就是基于最大互信息准则（maximum mutual information，MMI）的参数重估方法。也可以将训练和测试联系起来，利用识别结果来修正训练的模型，即纠错训练法。还有采用经典算法和遗传算法相结合的估计方法以及神经网络竞争训练法等[8]。

1.3.5 隐马尔可夫模型存在的问题

HMM 的主要缺点是它不能很好地模拟语音信号的时间相依性，这是因为 HMM 是一重 Markov 模型，它会导致时间相依性信息的丢失。尽管理论上可将 HMM 扩展成多重 Markov 模型，但这将使模型的数学处理变得非常复杂，难以实际应用。因此，HMM 语音识别模型与算法是迄今为止最为完美的一个语音识别模型，从中也可看出它的理论体系对研究工作所起的重要指导作用。但是，经典隐马尔可夫语音识别模型仍然在一些重要方面存在缺陷，主要表现在：

1）经典 HMM 是一个齐次的 Markov 模型，状态转移概率与状态驻留长度无关，与语音的实际过程不相符。

2）经典 HMM 现有的模型训练算法和识别算法都是假设语音特征是相互独立的，这也不符合语音信号的实际情况。

3）经典 HMM 用于大词汇表的识别系统时，其模型的训练量是非常大的。

4）模型的存储量非常大。

1.4　常用特征模板训练法

在基于模板匹配的语音识别中，在训练阶段，由用户朗读词汇表产生的语音经过训练生成一系列模板，从而建立起特征模板库。识别的性能和特征模板的训练方式有很大关系，同一词汇重复朗读的次数越多，参与训练的用户越多，识别的鲁棒（robust）性和性能就越好。

目前比较常用的特征模板训练方法有：偶然训练法、鲁棒性训练法（多模板平均法）和聚类法等。

1. 偶然训练法

针对特定人和小词汇表的识别系统，可以采用一种简单的多模板训练法。用户可以将词汇表中的每个词朗读多遍，每个词的每一遍读音形成一个模板。在识别时，待识别语音的矢量序列用动态时间规整（DTW）算法[9]分别求得与每个模板的总失真，然后根据总失真的大小，判别其属于失真最小的那一类。

这种方法非常简单，但是由于语音的变化特性很大，而且训练时读音可能存在错误，如不正确的联音、错误发音等，因此这种方法形成的模板鲁棒性不好。

2. 鲁棒性训练法

鲁棒性训练法考虑了训练语音之间的一致性，其方法是将每个词汇重复训练若干遍，直到得到一致性较好的特征矢量序列。然后将这些特征矢量序列在 DTW 路径上平均，从而得到最终模板。

3. 非特定人识别任务的模板训练算法——聚类法

对于非特定人语音识别要想获得较高的识别率，就需要对多组训练数据进行聚类，以获得可靠的模板参数。最初的孤立词识别采用人工干预的聚类方法，这些方法尽管有效，但由于人工干预的繁琐工作，阻碍了其广泛应用。为了解决这个问题，人们提出过一系列的聚类算法。这些聚类算法与常规的模式聚类算法的主要不同点是：语音识别模板的聚类，针对的是有时序关系的谱特征序列，而不是维数固定的模式。

第 2 章　语音信号的分析与处理

2.1　引　　言

为了更好地理解语音识别的过程，本章规划了一个基本 DHMM 非特定人语音识别系统的实例（图 2-1），希望通过该系统的实现，阐述语音信号的实用处理和识别技术。在该系统中，人的声音经过传声器从模拟信号转变成数字信号，录音程序将数字化的语音信号以规定的采样频率，采样精度和声道保存到计算机；然后由端点检测程序标出语音信号的端点；接着将做了端点标记的语音信号进行 MFCC 特征提取，此时的数据量得到了很大的精简。在以上一系列语音处理工作完成之后，原始的语音信号成为 speakdata. mat 数据，speakdata 经过矢量量化处理，就建立了 VQ 码本，最后训练 HMM 并得出最终的识别结果。本章将详细讲解系统各个部分的实现。

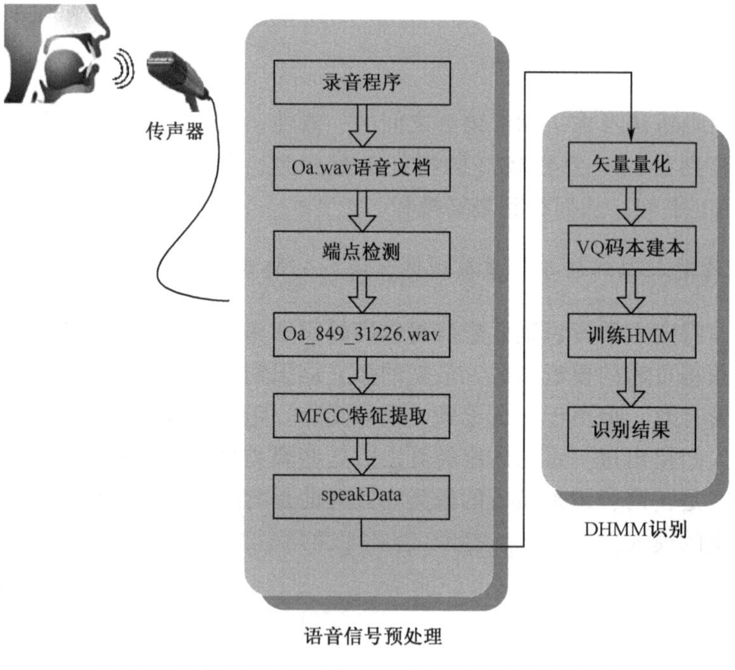

图 2-1　基本 DHMM 非特定人语音识别系统整体流程

2.2　语音信号预处理

2.2.1　数字语音信号

一般而言，当我们将声音储存到计算机时，需要做模拟语音的数字化工作。而模拟语音数字化分两个步骤：采样和量化，如图 2-2 所示。

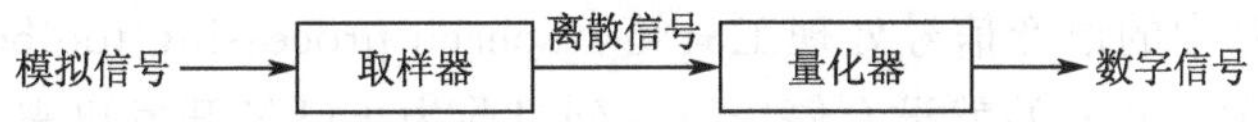

图 2-2　语音信号的数字化处理

1. 采样

采样就是把模拟信号在时间域上进行等间隔抽取，得到序列模拟音频并转成数字音频的过程，也就是采样的过程（图 2-3）

$$x(n)=x_a(nT),\quad -\infty<n<\infty \tag{2-1}$$

其中，n 为整数；T 为采样周期；$F_s=1/T$ 为采样频率。

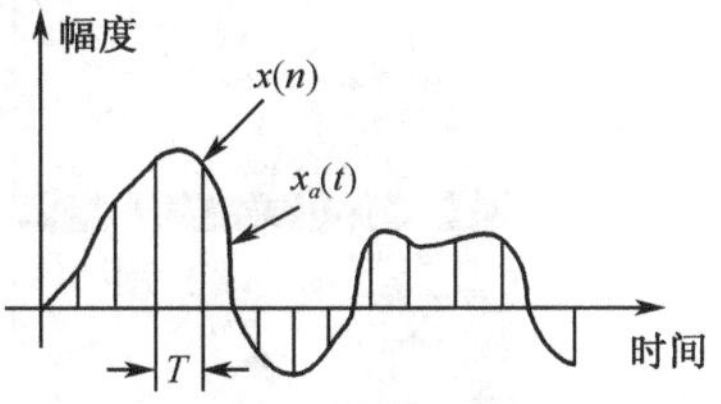

图 2-3　语音信号采样示意图

采样所用到的主要设备是模拟/数字转换器，采样的过程实际上是将通常的模拟音频信号的电信号转换成二进制码 0 和 1，这些 0 和 1 便构成了数字音频文件，采样的频率越大音质越有保证[10]。

根据采样定理：如果信号 $x_a(t)$ 的频谱是带宽有限的，即

$$x_a(\mathrm{j}\,\omega)=0,\quad \omega>2\pi F_a \tag{2-2}$$

当采样频率大于信号的两倍带宽时，即

$$F_s=\frac{1}{T}>2F_a \tag{2-3}$$

采样过程就不会丢失信息，从 $x(n)$ 可精确重构原始波形，即 $x_a(t)$ 能够唯一从样本序列重构为

$$x_a(t)=\sum_{n=-\infty}^{+\infty}x_a(nT)\sin\left[\frac{\pi}{T}\left(t-\frac{n}{T}\right)\right] \tag{2-4}$$

$F_s=2F_a$ 为 Nyquist 频率。

2. 量化

量化是将时间上离散而幅度仍然连续的波形幅度值离散化。量化时先将整个

幅度值分割成有限个区间，然后把落入同一区间的样本赋予相同的幅度值，这个过程取决于采样精度。量化决定了声音的动态范围，它以位（bit）为单位，如8位，8位可以把声波分成256级。

在采样过程中除了考虑采样频率和采样精度两个参数外，还需要考虑声道参数。声道一般分为单声道（mono）和立体声（stereo）。

2.2.2 使用MATLAB处理语音信号

MATLAB中的语音信号处理工具箱（speech processing toolbox）的开发工作自MATLAB 3.0开始就没有停止过，到目前为止已经开发出来多种成熟的工具箱[11]，其中比较有代表性的是VOICEBOX函数集工具箱。MATLAB 7.0版本以后语音工具箱在安装后添加到toolbox文件夹下，具体步骤如下：

1）安装MATLAB之后启动它，在主窗口的File下拉菜单下点击Set Path（图2-4）。

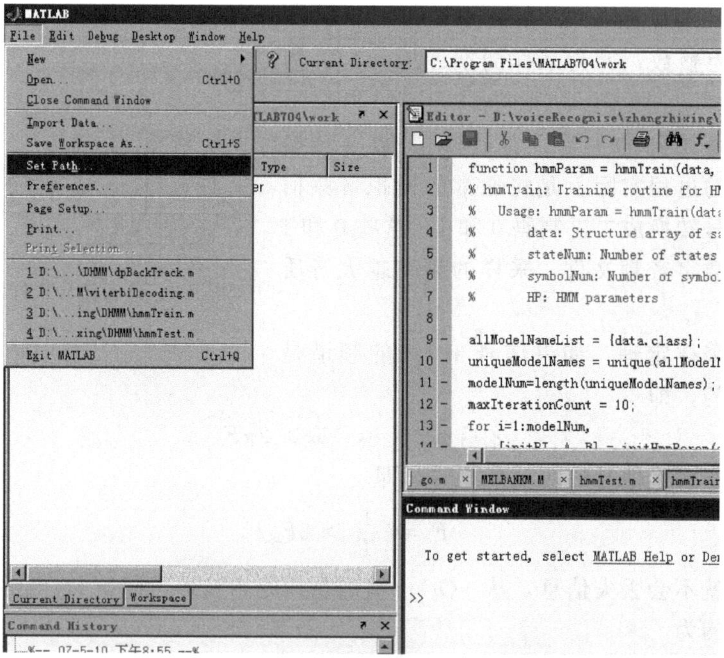

图2-4 安装MATLAB语音工具箱

2）在弹出的Set Path窗口中点击Add Folder按钮，在弹出的“浏览文件夹”对话框中选择语音工具箱所在的目录。点击“确定”后就完成了语音工具箱的路径设置，见图2-5。

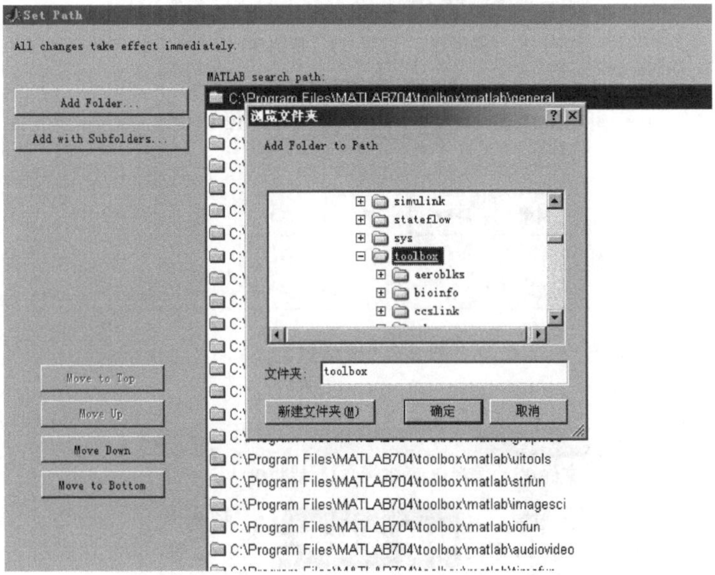

图 2-5　安装 MATLAB 语音工具箱

在 MATLAB 中对语音信号进行处理要注意以下几个方面：

1）录音。录音前先确认所用的传声器是指向式（uni-directional），而不是全向式（omni-directional）的。一般，笔记本电脑的内置传声器是全向式的。

2）采用适合的音量。当确认传声器可以工作后，需使用适合的音量进行语音信号采集。这可使用“附件”中的“录音机”作测试。如图 2-6 所示，音量过小容易受到环境产生的杂音干扰；如图 2-7 所示，音量过大会产生破音；图 2-8 音量合适。

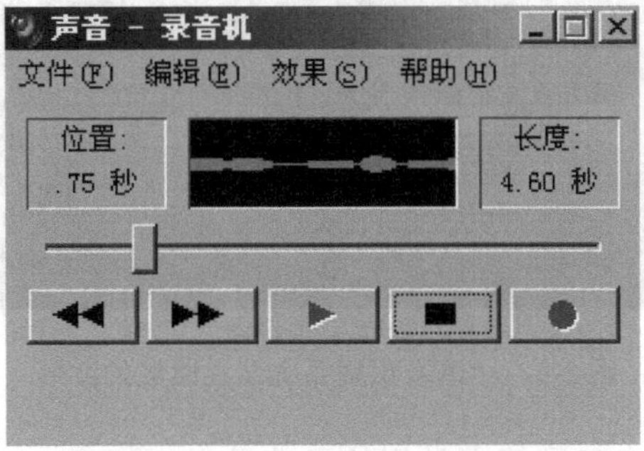

图 2-6　音量过小

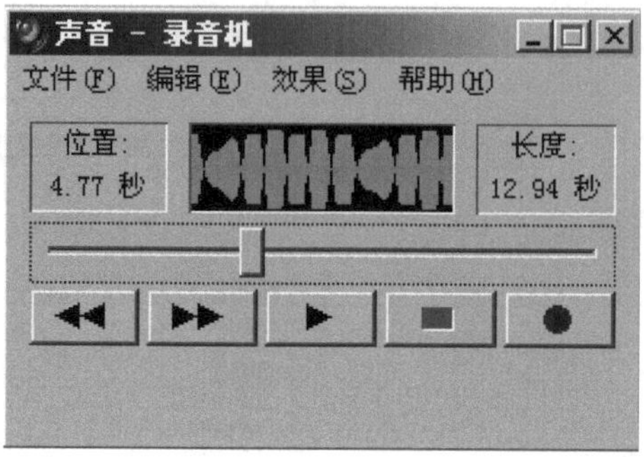

图 2-7 音量过大

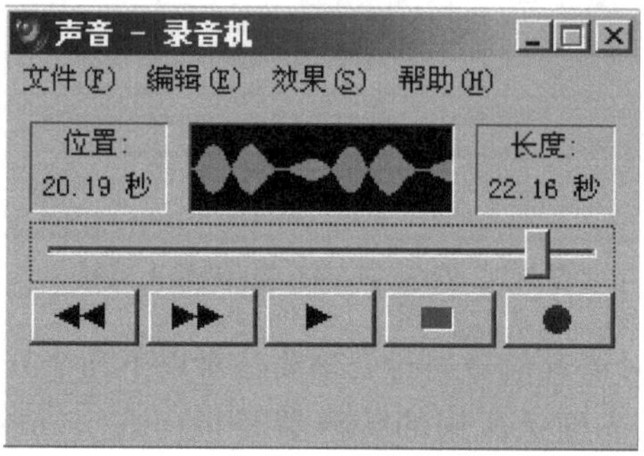

图 2-8 音量合适

3）音量调整好后录下的语音信号产生的波形清晰，如图 2-9。

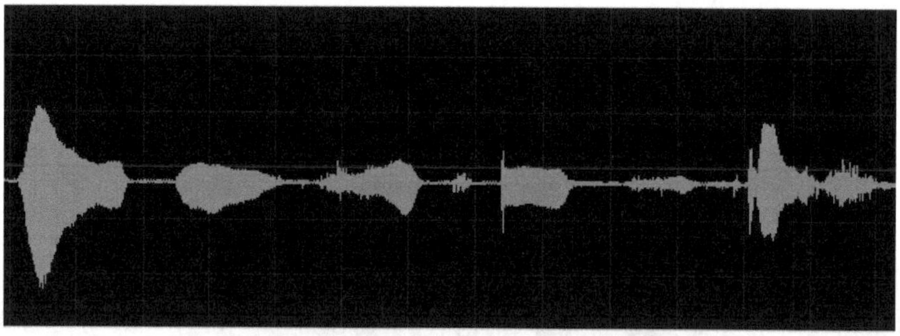

图 2-9 “语音识别系统”在时域的波形

4）MATLAB 语音工具箱中常用的函数见表 2-1。

表 2-1　MATLAB 中语音信号处理常用函数

函数名称	函数用法	说　明
wavread	[y, fs, nbits] =wavread ("0a. wav")	y 是音讯变量； fs 是采样频率
wavwrite	wavwrite (y, fs, nbits, waveFile)	nbits 是数据分辨率； waveFile 是欲写入资料的文件名称
plot	plot (time, y)	画出时间轴上的波形

下面是 MATLAB 中的录音流程图和源程序。

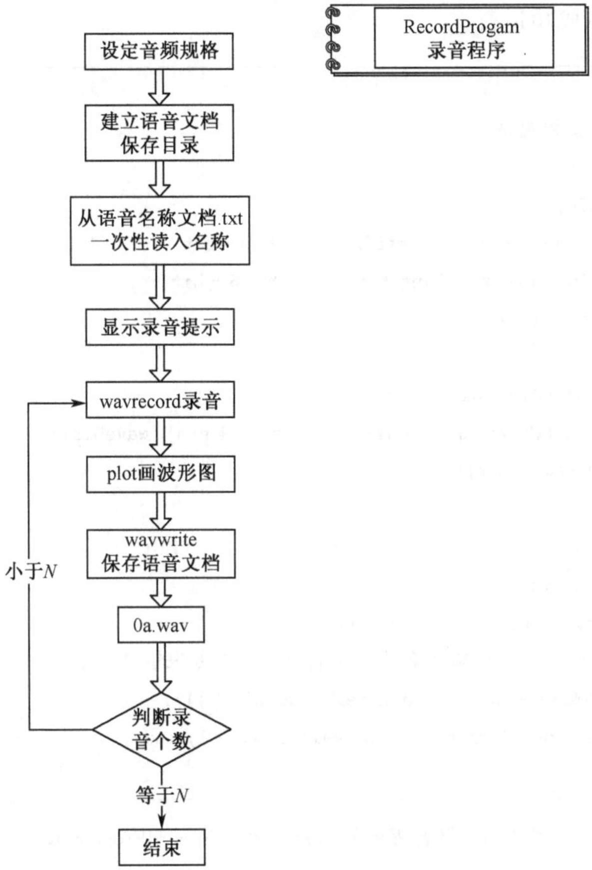

图 2-10　录音程序流程图

1. 流程图

图 2-10 是录音程序流程图，在 txt 文件中设定语音文档的文件名，程序开始运行后根据提示输入此次所录语音文档的名称，如“061216 宋敏”。然后对传声器发音，可以是一系列的数字或词组。发出的声音会依次画出语音信号的波形图并保存到设定的目录“061216 宋敏”中。

2. 源程序

图 2-11 是录音程序的部分源代码，使用 MATLAB 语言编写，并且在 MATLAB7.0下成功运行。

```
% ======音频规格
duration = 2;
fs = 16000;
%nbits = 8; format ='uint8';        % 8-bit
nbits = 16; format = 'int16';       % 16-bit
waveDir ='../waveFile';

if exist(waveDir, 'dir') ~= 7,
     fprintf('Making wave directory => %s\n', waveDir);
     mkdir(waveDir);
end

validInput = 0;
while ~validInput       % ~  not 0
     name = input('输入名称目录名,如 061216 宋敏','s');
   validName = name(find(name> = double('')));
   if length(validName)> = 2, validInput = 1; end
```

图 2-11　录音程序的部分源代码 RecordProgam. m

3. 运行图（图 2-12）

录音程序运行如图 2-12 所示。

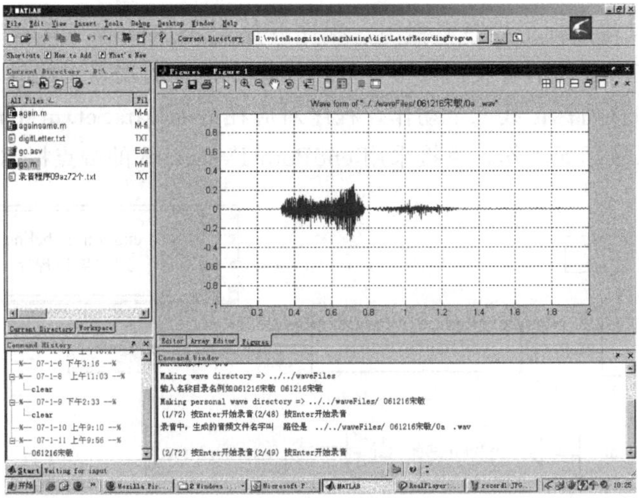

图 2-12　录音程序运行图

2.3　端 点 检 测

端点检测对于语音识别有着重要的意义。在孤立词识别中，确定单词语音信号的开始和终止可以减少非实时系统中的大量计算。连续语音识别中识别基元（字词、音节、声韵母）的切分，可用于语音数据库训练。实验统计数字表明[12]，起始点（beginning point）和终点（end point）的偏离对语音识别最终准确性影响明显，30ms 内的偏移对应精确度下降 2%，当超过 90ms 时，影响达到 30%。

近 20 年来，人们对语音端点检测方法作了全面的研究，主要常见的端点检测方法与相关的特征参数，可以分成两大类。

（1）利用语音信号的时域特征，计算量比较小

1）音量：只使用音量来进行端点检测是最简单的方法，但是会对气音造成误判。不同的音量计算方式也会造成端点检测结果的不同，至于哪一种计算方式比较好，并无定论，需要靠大量的资料来测试得知。

2）音量和过零率：以音量为主，过零率为辅，可以对气音进行较精密的检测。

（2）利用语音信号的频域特征，计算量比较大

1）频谱的变异数：有声音的频谱变化较规律，变异数较低，可作为判断端

点的基准。

2）频谱的熵（entropy）。

2.3.1 流程图

图 2-13 是端点标记程序流程图，程序开始是添加所需工具箱的路径，然后依次显示上节所录的语音文档波形，并用线标出语音的端点。此时对应鼠标左键点击、抬起和移动标记线三个动作，程序对应在 userDataSet.m 中标记语音信号的端点。如果鼠标无动作，直接采用 endPointDetect.m 的端点标志。

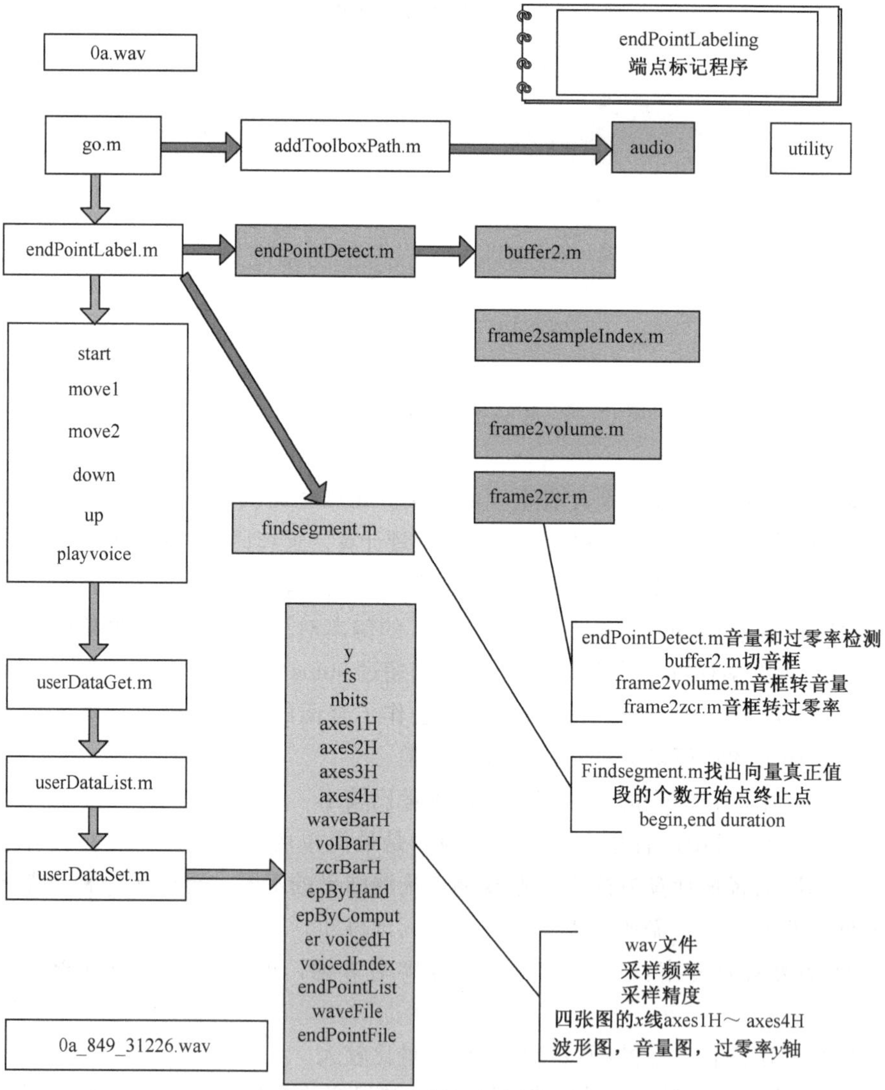

图 2-13　端点标记程序流程图

2.3.2 源程序

图 2-14 与图 2-15 是端点标记程序的部分源代码，使用 MATLAB 语言编写，且在 MATLAB 7.0 下成功运行。

```
        userDataGet;
        currPt = get(axes1H, 'CurrentPoint');
        xPos = currPt(1,1);
        yPos = currPt(1,2);
        limit = axis(axes1H);
        if (limit(1)<xPos & xPos<limit(2) & limit(3)<yPos & yPos<
limit(4)) & strcmp(get(gcf, 'pointer'),'fleur')
          [minDist, index] = min(abs(epByHand/fs - xPos));
          if index == 1
                set(waveBarH(1), 'xdata', xPos * [1 1]);
                set(volBarH(1), 'xdata', xPos * [1 1]);
                set(zcrBarH(1), 'xdata', xPos * [1 1]);
                epByHand(1) = round(xPos * fs);
          else
               set(waveBarH(2), 'xdata', xPos * [1 1]);
```

图 2-14 端点标记程序的部分源代码 endPointLabel. m

```
userDataVariables = {
    'y',
    'fs',
    'nbits',
    'axes1H',
    'axes2H',
    'axes3H',
    'axes4H',
    'waveBarH',
    'volBarH',
    'zcrBarH',
    'epByHand',
    'epByComputer',
    'voicedH',
    'voicedIndex',
    'endPointList',
    'waveFile',
```

图 2-15 端点标记程序的部分源代码 userDataList. m

2.3.3 运行图

程序开始运行后会依次显示上节中所录的语音文档波形，并用线标出语音的端点（图 2-16，图 2-17）。

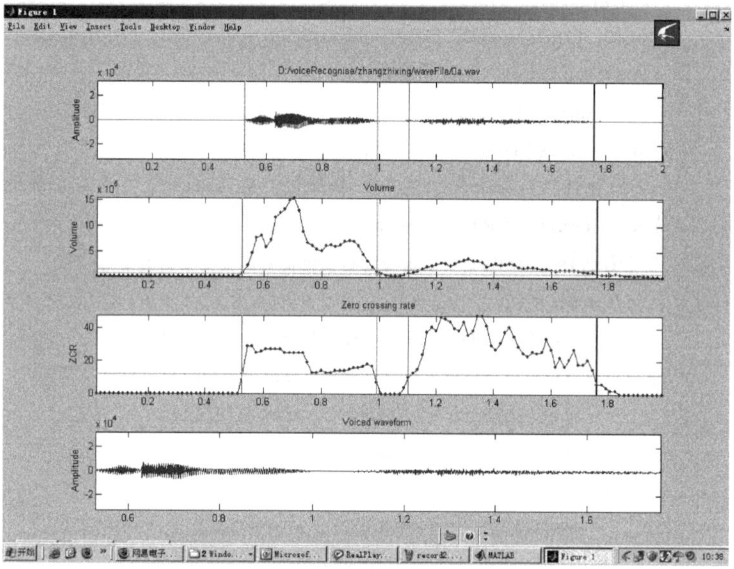

图 2-16　端点标记程序运行图

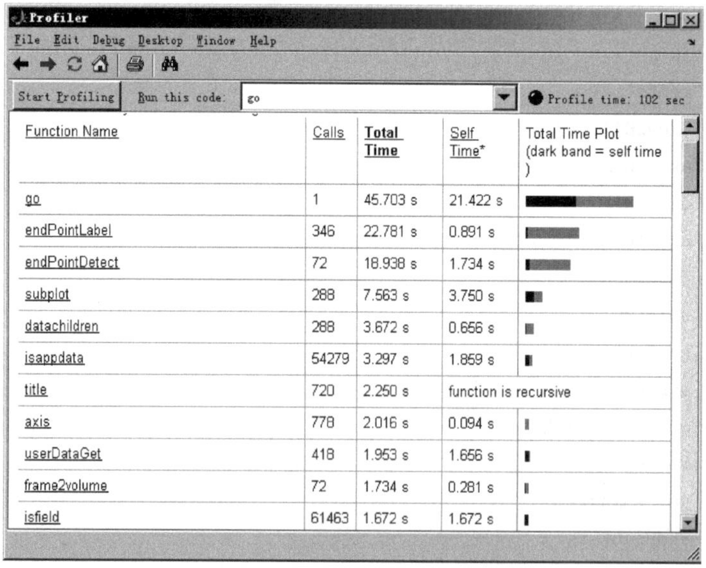

Function Name	Calls	Total Time	Self Time*	Total Time Plot (dark band = self time)
go	1	45.703 s	21.422 s	
endPointLabel	346	22.781 s	0.891 s	
endPointDetect	72	18.938 s	1.734 s	
subplot	288	7.563 s	3.750 s	
datachildren	288	3.672 s	0.656 s	
isappdata	54279	3.297 s	1.859 s	
title	720	2.250 s	function is recursive	
axis	778	2.016 s	0.094 s	
userDataGet	418	1.953 s	1.656 s	
frame2volume	72	1.734 s	0.281 s	
isfield	61463	1.672 s	1.672 s	

图 2-17　端点标记程序运行图

2.4　语音信号的时域处理

语音信号的特点是短时稳定，长时时变，它具有瞬时稳态性，这段时间一般可取为 5～50ms，因此对语音信号的处理一般可以采用短时处理技术。也就是说，在 5～50ms 这么短的一段时间内，将语音信号看做是平稳的、非时变的，可以采用经典的平稳信号处理方式对其进行处理，并且这些处理方法大多数是基于简单的时域特征，应用这些方法还可以对信号作端点检测。一般较常用的方法是短时平均能量和短时平均过零率[13]。

2.4.1　短时平均能量和幅度

短时平均能量的主要意义在于给出了区分清音段和浊音段的基础，清音比浊音的幅度要小得多，清音段的能量值明显小于浊音段，因此能量函数可用来大致定出浊音语音和清音语音的变化时刻。在高信噪比的条件下，可以用能量来区分有无语音。由于其对高信号电平非常敏感，需要加重 $x(n)$ 中采样的变化，解决的办法就是平均幅度函数。

短时平均能量的定义如下，当窗起点为 0 时

$$E_0 = \sum_{n=0}^{w_i-1} S_w^2(n) \tag{2-5}$$

其中，w_i 为帧长；$S_w(n)$ 为时刻 n 的加窗语音。

2.4.2　短时平均过零率

短时平均过零率信号的幅度值在一秒内正值和负值之间的跳变次数称为过零率。将信号按窗口进行分割，把窗口内信号的过零率作统计平均，即为短时平均过零率。

采样后的语音信号是离散的时间序列，其过零即是指序列采样值改变符号，过零率则是指每个样本的改变符号的次数。例如，一个频率为 F_0 的正弦信号以 F_s 速率采样，正弦波的一周内就有 $\frac{F_0}{F_s}$ 个采样，每一周有两次过零，所以过零的长时间平均率为

$$Z = 2\,\frac{F_0}{F_s} \tag{2-6}$$

因此，平均过零率是一个估计正弦频率的适当方法。在语音信号中，语音产生模型表明，由于声门波引起了谱的高频跌落，所以浊音语音能量约集中在

3kHz 以下，然而对于清音语音，多数能量确实出现在较高的频率上。高频意味着高的过零率，低频意味着低的过零率。合理的归纳是：过零率高，语音信号是清音；过零率低，语音信号就是浊音。同时，无声段的过零率变化范围较大，一般情况下比浊音低一点。短时平均过零率定义为

$$Z_0 = \frac{1}{2}\left[\sum_{n=0}^{w_l} \left| \operatorname{sgn}(S_w(n)) - \operatorname{sgn}(S_w(n-1)) \right| \right] \tag{2-7}$$

2.5 语音信号的频域处理

2.5.1 短时傅里叶变换 STFT

语音信号是时变的，即信号的频率随时间变化。而传统的傅里叶变换，由于基函数是复正弦，缺少时域定位的功能，因此傅里叶变换不适用于时变信号。信号分析和处理的一个重要任务，一方面是要了解信号所包含的频谱信息，另一方面还希望知道不同频率所出现的时间。

早在 1946 年，Gabor 就提出了短时傅里叶变换（short time Fourier transform，STFT）的概念，用以测量声音信号的频率定位[14]。

给定一信号 $x(t)\in L^2(\mathbf{R})$，其 STFT 定义为

$$\begin{aligned}\mathrm{STFT}_x(t,\Omega) &= \int x(\tau) g_{t,\Omega}^*(\tau)\,\mathrm{d}\tau \\ &= \int x(\tau) g^*(\tau - t)\mathrm{e}^{-\mathrm{j}\Omega\tau}\,\mathrm{d}\tau = \langle x(\tau), g(\tau-t)\mathrm{e}^{\mathrm{j}\Omega\tau}\rangle\end{aligned} \tag{2-8}$$

其中

$$g_{t,\Omega}(\tau) = g(\tau - t)\mathrm{e}^{\mathrm{j}\Omega\tau} \tag{2-9}$$

及

$$\| g(\tau) \| = 1, \quad \| g_{t,\Omega}(\tau) \| = 1$$

并且窗函数 $g(\tau)$应取对称函数。STFT 的含义可解释如下：

在时域用窗函数 $g(\tau)$去截 $x(\tau)$，对截下来的局部信号作傅里叶变换，即得在 t 时刻的该段信号的傅里叶变换。不断地移动 t，也就不断地移动窗函数 $g(\tau)$的中心位置，即可得到不同时刻的傅里叶变换。这些傅里叶变换的集合，即是 $\mathrm{STFT}_x(t,\Omega)$，如图 2-18 所示。显然，$\mathrm{STFT}_x(t,\Omega)$是变量（$t$，$\Omega$）的二维函数。

由于 $g(\tau)$是窗函数，因此它在时域应是有限支撑的，又由于 $\mathrm{e}^{\mathrm{j}\Omega\tau}$在频域是线谱，所以 STFT 的基函数 $g(\tau-t)\mathrm{e}^{\mathrm{j}\Omega\tau}$在时域和频域都应是有限支撑的。这样，式（2-8）内积的结果即可实现对 $x(t)$进行时-频定位的功能。当然，自然也要关心这一变换时域及频域的分辨率。对式（2-9）两边作傅里叶变换，有

$$\begin{aligned} G_{t,\Omega}(\nu) &= \int g(\tau - t)\mathrm{e}^{\mathrm{j}\Omega\tau}\mathrm{e}^{-\mathrm{j}\nu\tau}\mathrm{d}\tau \\ &= \mathrm{e}^{-\mathrm{j}(\nu-\Omega)t}\int g(t')\mathrm{e}^{-\mathrm{j}(\nu-\Omega)t'}\mathrm{d}t' = G(\nu-\Omega)\mathrm{e}^{-\mathrm{j}(\nu-\Omega)t} \end{aligned} \tag{2-10}$$

其中，ν 是和 Ω 等效的频率变量。

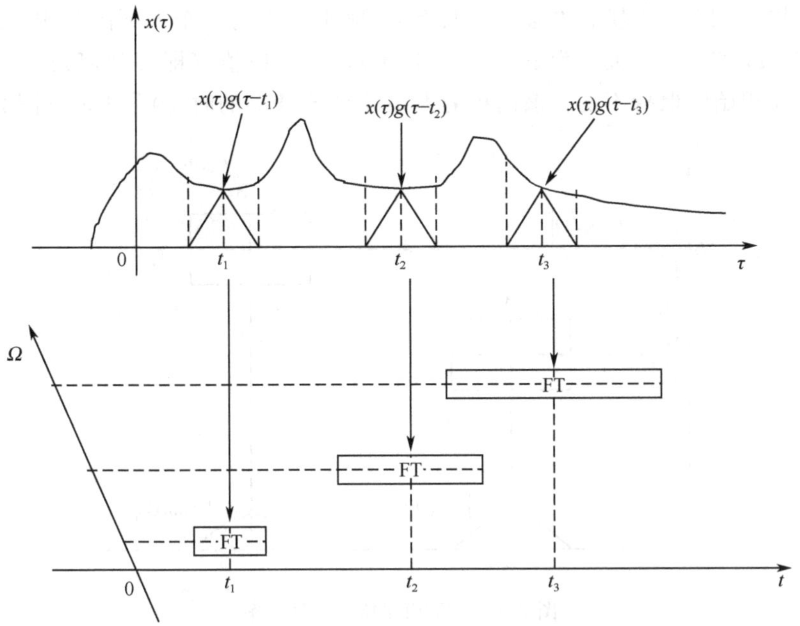

图 2-18　短时傅里叶变换示意图

由于

$$\begin{aligned} \langle x(t), g_{t,\Omega}(\tau)\rangle &= \frac{1}{2\pi}\langle X(\nu), G_{t,\Omega}(\nu)\rangle \\ &= \frac{1}{2\pi}\int_{-\infty}^{\infty} X(\nu)G^*(\nu-\Omega)\mathrm{e}^{\mathrm{j}(\nu-\Omega)t}\mathrm{d}\nu \end{aligned} \tag{2-11}$$

所以

$$\mathrm{STFT}_x(t,\Omega) = \mathrm{e}^{-\mathrm{j}\Omega t}\ \frac{1}{2\pi}\int_{-\infty}^{\infty} X(\nu)G^*(\nu-\Omega)\mathrm{e}^{\mathrm{j}\nu t}\mathrm{d}\nu \tag{2-12}$$

该式指出，对 $x(\tau)$在时域加窗 $g(\tau-t)$，引导出在频域对 $X(\nu)$加窗 $G(\nu-\Omega)$。

由图 2-18 可以看出，基函数 $g_{t,\Omega}(\tau)$的时间中心 $\tau_0=t$（注意，t 是移位变量），其时宽

$$\Delta_\tau^2 = \int(\tau-t)^2\,|g_{t,\Omega}(\tau)|^2\mathrm{d}\tau = \int\tau^2\,|g(\tau)|^2\mathrm{d}\tau \tag{2-13}$$

即 $g_{t,\Omega}(\tau)$的时间中心由 t 决定，但时宽和 t 无关。同理，$G_{t,\Omega}(\nu)$的频率中心 $\nu_0=\Omega$，而带宽

$$\Delta_\nu^2=\frac{1}{2\pi}\int(\nu-\Omega)^2\left|G_{t,\Omega}(\nu)\right|^2\mathrm{d}\nu=\frac{1}{2\pi}\int_{-\infty}^{\infty}\nu^2\left|G(\nu)\right|^2\mathrm{d}\nu \tag{2-14}$$

也和中心频率 Ω 无关。

这样，STFT 的基函数 $g_{t,\Omega}(\tau)$具有时-频平面上的一个如下的分辨“细胞”：中心在（t，Ω）处，大小为 $\Delta_\tau \cdot \Delta_\nu$，不管 t，Ω 取何值（即移到何处），该“细胞”的面积始终保持不变。该面积的大小即是 STFT 的时-频分辨率（图 2-19）。

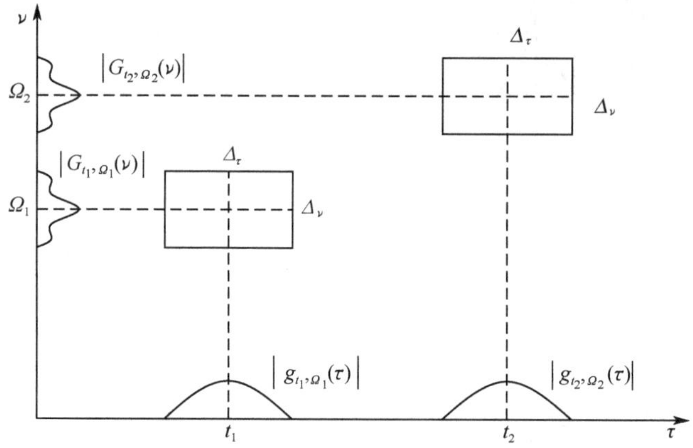

图 2-19 STFT 的时-频分辨率

对信号作时-频分析时，一般对快变的信号，我们希望它有好的时间分辨率以观察其快变部分（如尖脉冲等），即观察的时间宽度 Δt 要小，受时宽-带宽积的影响，对该信号频域的分辨率必定要下降。由于快变信号对应的是高频信号，因此对这一类信号，我们希望有好的时间分辨率，但同时要降低高频的分辨率。反之，对慢变信号，由于它对应的是低频信号，所以我们希望在低频处有好的频率分辨率，但不可避免的要降低时域的分辨率。

以时间 t 作为横坐标，频率 ν 作为纵坐标，由短时功率谱 $S_n(\mathrm{e}^{\mathrm{j}w})$的值作为点（$t$，$\nu$)处的灰度级，这样画出来的二维图像（其实是三维图像，第三维用灰度，即颜色深浅来表示）被称做语谱图（spectrogram）。图 2-20 是“语音识别系统”语音信号的宽频、窄频语谱图。语谱图由于反映了语音信号的动态频谱特性，本身又反映了时域的变化（横轴为时间轴），因此在语音分析中有重要的使用价值。

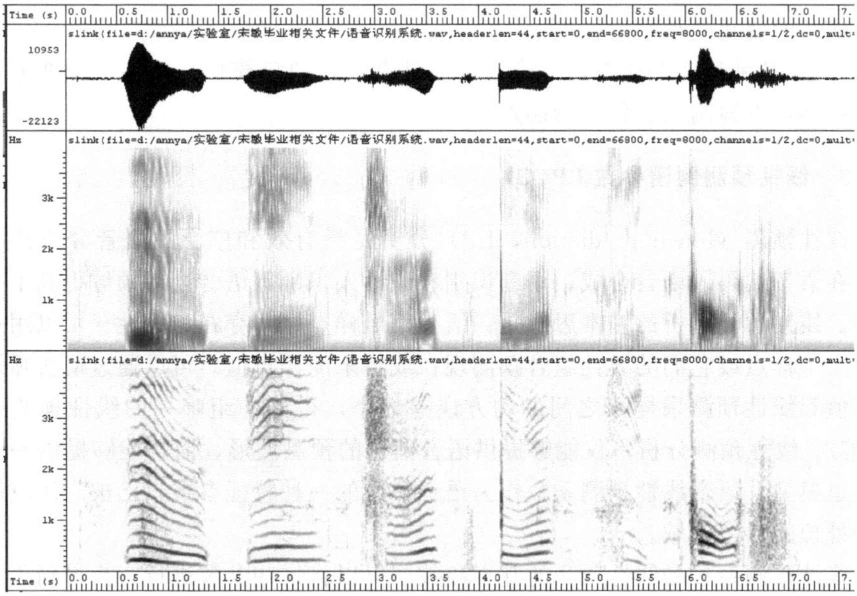

图 2-20　“语音识别系统”信号的宽频、窄频语谱图

2.5.2　谱熵

定义：对带噪语音信号 $s(n)$ 经分帧和加窗，按帧间 50% 的重叠求解快速傅里叶变换（fast Fourier transformation，FFT），得其某频率分量 f_i 的能量谱为 $Y_m(f_i)$，则每个频率分量的归一化谱概率密度函数（PDF）定义为

$$p_i = \frac{Y_m(f_i)}{\sum_{k=0}^{N-1} Y_m(f_m)}, \quad i = 1, 2, \cdots, N \tag{2-15}$$

其中，p_i 为某频率分量 i 对应的概率密度；N 为 FFT 长度；m 为分析的某一帧语音。由于语音的能量主要集中在 250～4500Hz，为了增强 PDF 区分语音和非语音段的能力，对式（2-15）引入约束条件：

$$Y(f_i) = 0, \quad f_i < 250\text{Hz} \text{ 或 } f_i > 4500\text{Hz} \tag{2-16}$$

考虑上述约束条件后，每个分析语音帧的短时谱熵定义为

$$H_m = -\sum_{k=1}^{N} p_k \ln p_k \tag{2-17}$$

按照式（2-17）所求的谱熵具有如下特征[15]：

1）语音信号的谱熵不同于噪声信号的谱熵。

2）理论上，如果谱的分布保持不变，语音信号幅值的大小不会影响式

(2-15)的归一化 PDF。但实际上，语音谱熵随语音特性而变化，与能量特征相比，谱熵的变化是很小的。

3）在某种程度上而言，谱熵对噪声具有一定的鲁棒性。在一定程度上可以从背景噪声中检测语音信号的端点。

2.5.3 线性预测倒谱参数 LPCC

线性预测（linear prediction，LP）分析是最有效和广泛的语音分析技术之一，在语音编码、语音合成、语音识别和说话人识别等语音处理领域得到了广泛应用。线性预测分析的基本思想是：语音信号样点之间存在相关性，可以用过去的若干个样点或它们的线性组合预测现在或将来的样点值。可以通过使实际语音采样值和线性预测采样值之间的均方误差最小，得到一组唯一的线性预测系数(LPC)。线性预测分析不仅能够提供语音信号的预测波形，而且能够提供一个好的声道模型。语音线性预测系数作为语音信号的一种特征参数，已被广泛应用于语音处理的各个领域。

线性预测系数是线性预测的基本参数，可以将这些参数进行变换得到语音信号的其他参数。假设通过线性预测分析得到的声道模型的系统函数为

$$H(z)=\frac{1}{A(z)}=\frac{1}{1+\sum_{j=1}^{p}a_j z^{-j}} \tag{2-18}$$

其中，p 为 LPC 线性预测器的阶数。设冲激响应为 $h(n)$，此处要计算的就是其倒谱 $h'(n)$。根据倒谱的定义：

$$\ln H(z)=H'(z)=\sum_{n=1}^{\infty}h'(n)z^{-n} \tag{2-19}$$

将式（2-18）代入式（2-19），并在两边对 $z-1$ 求偏导数，即有

$$\frac{\partial}{\partial z^{-1}}\ln\left(\frac{1}{1-\sum_{k=1}^{p}a_k z^{-k}}\right)=\frac{\partial}{\partial z^{-1}}\sum_{n=1}^{\infty}h'(n)z^{-n} \tag{2-20}$$

即

$$\sum_{n=1}^{\infty}nh'(n)z^{-n+1}=\frac{\sum_{k=1}^{p}ka_k z^{-k+1}}{1-\sum_{k=1}^{p}a_k z^{-k}} \tag{2-21}$$

因而有 $\left(1-\sum_{k=1}^{p}a_k z^{-k}\right)\sum_{n=1}^{\infty}nh'(n)z^{-n+1}=\sum_{k=1}^{p}ka_k z^{-k+1}$，令其左右两边的常数项和 z^{-1} 各次幂的系数分别相等，即得到 $h'(n)$ 和 a_k 之间的递推关系：

$$\begin{cases} h'(0) = 0 \\ h'(1) = a_1 \\ h'(n) = a_n + \sum_{k=1}^{n-1}\left(1 - \frac{k}{n}\right)a_k h'(n-k), \quad 1 \leqslant n \leqslant p \\ h'(n) = \sum_{n=1}^{p}\left(1 - \frac{k}{n}\right)a_k h'(n-k), \quad n > p \end{cases} \tag{2-22}$$

由于 LPC 阶数 p 一般取 14，要小于一帧语音采样点数 N_s，因此 LPCC 只代表 $h'(n)(n=1,2,\cdots,N_s)$ 的前 p 个值。若倒谱分析阶数大于 p 时，由式 (2-22) 的第四部分即可求出。实验发现倒谱分析阶数取 16 能较好地表征语音的特征参数[16]。

倒谱阶数取得大些，可以保存更多的信息，但是随着阶数的增大，$h'(n)$将变得很小，实际上没有更多的作用，反而使得运算量增大。一般取 8～32 阶时就可以较好地表征声道特征。

在实际应用中，为了获得更好的识别效果，常常对 LPCC 进行一定的后处理，如对倒谱系数的各个分量 $h'(n)$乘以适当的加权系数，或在当前 LPCC 的基础上求一阶、二阶差分等。

2.5.4　Mel 倒谱系数 MFCC

语音特征参数可以是能量、基音频率、共振峰值等语音参数，目前在语音识别中较为常用的特征参数为线性预测倒谱系数 LPCC 与 Mel 倒谱系数（Mel-frequency cepstrum coefficient，MFCC）。二者都是将语音从时域变换到倒谱域上，前者从人的发声模型角度出发，利用线性预测编码（LPC）技术求倒谱系数；后者则构造人的听觉模型，以语音通过该模型（滤波器组）的输出为声学特征，直接通过离散傅里叶变换（DFT）进行变换。

与 LPCC 相比，MFCC 具有以下优点：

1）语音的信息多集中在低频部分，而高频部分易受环境噪声干扰。MFCC 将线性频标转化为 Mel 频标，强调语音的低频信息，从而突出了有利于识别的信息，屏蔽了噪声的干扰。LPCC 是基于线性频标的，所以没有这一特点。

2）MFCC 无任何前提假设，在各种情况下均可使用。而 LPCC 假定所处理的信号为自回归（AR）信号，对于动态特性较强的辅音，这个假设并不严格成立。另外，当噪声存在时，AR 信号会变为自回归滑动平均（ARMA）信号，MFCC 的抗噪声能力也优于 LPCC。

由于这些优点，现有的语音识别系统中以 MFCC 为主。

如图 2-21 所示，MFCC 的计算过程如下：

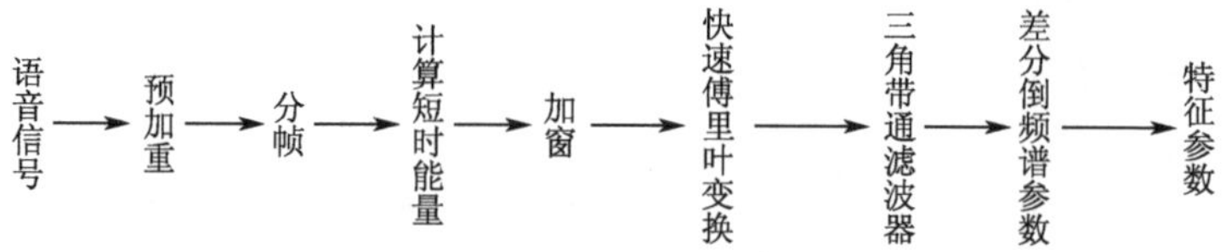

图 2-21　MFCC 计算过程

1）对输入语音帧预加重和加 Hamming 窗后作 FFT 得到其频谱，将时域信号转化为频域信号。

2）求出频谱平方，即能量谱，并用 M 个 Mel 带通滤波器进行滤波。由于每一个频带中的分量作用在人耳中是叠加的，因此将每个滤波器频带内的能量进行叠加。

3）将每个滤波器的输出取对数，得到相应频带的对数功率谱。并进行反离散余弦变换，得到 L 个 MFCC。由于在实际的语音识别应用中，并不是取全部维数的 MFCC，有实验表明最前若干维以及最后若干维的 MFCC 对语音的区分性能较大，通常取前 12 维的 MFCC 即可[14]。

MFCC 为

$$C_n = \sum_{k=1}^{M} \ln x'(k) \cos[\pi(k-0.5)n/M], \quad n = 1,2,\cdots,L \tag{2-23}$$

其中，$x'(k)$为第 k 个滤波器的输入功率谱。

4）上述直接得到的 MFCC 特征称作为静态特征。由于 MFCC 主要反映语音的静态特征，要得到语音信号的动态特征则需要将静态特征进行一阶和二阶差分。

2.5.5　MFCC 的实现

1. 流程图

图 2-22 是 MFCC 特征提取的流程图，程序开始将做了标记的语音文档分帧，再计算能量，接着加 Hamming 窗预加重，再作 FFT 得到其频谱，将时域信号转化为频域信号，最后用 M 个 Mel 带通滤波器进行滤波。实验中可以设定取前 12 维或 24 维的 MFCC。

2. 源程序

如图 2-23 与图 2-24 所示。

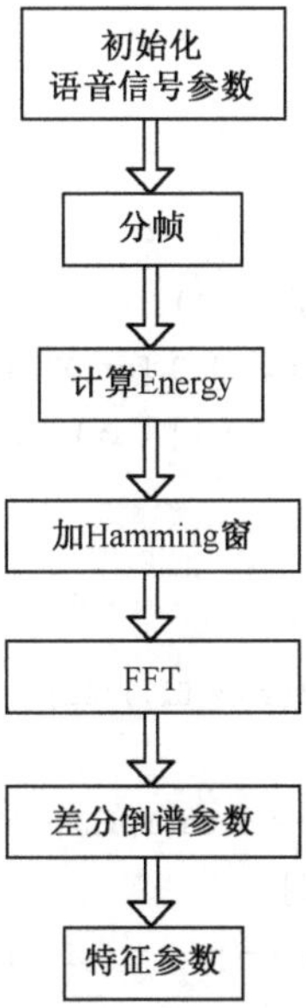

图 2-22　MFCC 流程图

```
speakerNum = length(speakerData);
for i = 1:speakerNum
fprintf('%d/%d: %s\n', i, speakerNum, speakerData(i).name);
for j = 1:length(speakerData(i).sentence)

y = double(speakerData(i).sentence(j).y);
%fs = speakerData(i).sentence(j).fs;      % Sample rate
fs = 16000;                               % 设的固定值
FP = setFeatureParam(fs);

epdIndex  =  endPointDetect(y, fs, 0, FP);
y = y(epdIndex(1):epdIndex(2));
%  ======MFCC
speakerData(i).sentence(j).mfcc = wave2mfcc(y, fs);
end
```

图 2-23　MFCC 语音特征提取的部分源代码 getMFCC. m

```
f0 = 700/fs;
fn2 = floor(n/2);
lr = log((f0 + fh)/(f0 + fl))/(p + 1);
% convert to fft bin numbers with 0 for DC term
bl = n * ((f0 + fl) * exp([0 1 p p + 1] * lr) - f0);
b2 = ceil(bl(2));
b3 = floor(bl(3));
if any(w == 'y')
   pf = log((f0 + (b2:b3)/n)/(f0 + fl))/lr;
   fp = floor(pf);
   r = [ones(1,b2) fp fp + 1 p * ones(1,fn2 - b3)];
   c = [1:b3 + 1 b2 + 1:fn2 + 1];
   v = 2 * [0.5 ones(1,b2 - 1) 1 - pf + fp pf - fp ones(1,fn2 - b3 - 1) 0.5];
   mn = 1;
   mx = fn2 + 1;
else
   b1 = floor(bl(1)) + 1;
   b4 = min(fn2,ceil(bl(4))) - 1;
   pf = log((f0 + (b1:b4)/n)/(f0 + fl))/lr;
   fp = floor(pf);
   pm = pf - fp;
   k2 = b2 - b1 + 1;
   k3 = b3 - b1 + 1;
   k4 = b4 - b1 + 1;
   r = [fp(k2:k4) 1 + fp(1:k3)];
   c = [k2:k4 1:k3];
   v = 2 * [1 - pm(k2:k4) pm(1:k3)];
   mn = b1 + 1;
   mx = b4 + 1;
end
if any(w == 'n')
```

图 2-24 MFCC 语音特征提取的部分源代码 MELBANKM. m

2.6　隐马尔可夫模型的改进

2.6.1　识别流程

根据对输出观测值概率的不同描述，HMM 可分为离散 HMM（DHMM）和连续 HMM（CHMM）。DHMM 和 CHMM 非常相似，不同的是 CHMM 使用连续概率密度函数计算状态概率，而 DHMM 则使用离散的矢量量化（vector quantization，VQ）计算状态概率。在基于 DHMM 非特定人语音识别过程中语音信号先被分割成若干帧，每帧用一个特征参数向量表示，然后将语音特征参数向量的时间序列矢量化，此时每一帧语音信号变成 VQ 码本，用码本训练 HMM，最后测试识别率（图 2-25）。

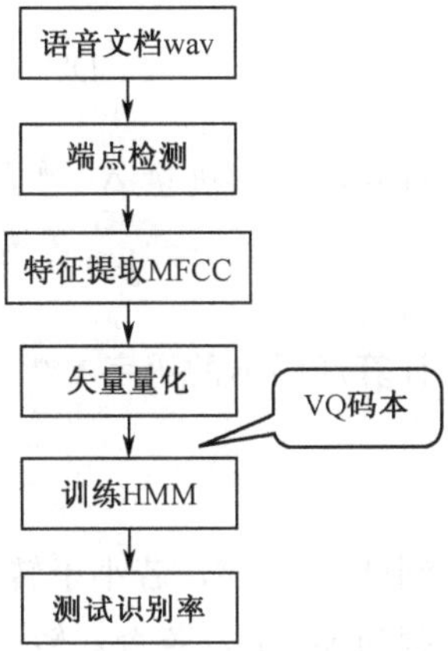

图 2-25　基于 DHMM 的语音识别流程图

2.6.2　矢量量化

矢量量化是 20 世纪 70 年代后期发展起来的一种数据压缩技术，目前已在语音和图像压缩等领域得到广泛应用。矢量量化的理论基础是信息论的率失真理论，是香农（Shannon）信息论在信源编码理论（source coding theory）方面的发展。其基本思想是将若干个标量数据构成一个矢量，然后在矢量空间给以整体量化，从而压缩了数据而不损失多少信息。Helms 首次将其用于说话人识别。1992 年，日本人 Matsui 和 Furui 主要从语音波动的鲁棒性方面对基于 VQ 的方法和离散的各态历经 HMM 方法和连续的各态历经 HMM 方法进行了比较。他们发现，连续的各态历经 HMM 方法比离散的各态历经 HMM 方法优越，当可用于训练的数据量较小时，基于 VQ 的方法比连续的 HMM 方法有更大的鲁棒性[16]。同时，基于 VQ 的方法比较简单，实时性也较好。

矢量量化的关键问题是如何获取 VQ 码本，通常采用的是由 Linde，Buzo，Gray 三人提出的 LBG 算法[17]，该算法中有三个关键的问题直接影响到码本质量和系统的识别性能，那就是失真测度选取、初始码本设计和空胞腔的处理。以欧氏距离计算两个矢量畸变时 LBG 算法的具体实现步骤为：

1）设定码本和迭代训练参数：设全部输入训练矢量 $\boldsymbol{X}$ 的集合为 S，设置码本的尺寸为 J，设置迭代算法的最大迭代次数为 L，设置畸变改进阈值为 δ。

2）设定初始值：设置 J 个码字的初值 $\boldsymbol{Y}_1^{(0)}, \boldsymbol{Y}_2^{(0)}, \cdots, \boldsymbol{Y}_J^{(0)}$；设置畸变初值

$D^{(0)}=\infty$，设置迭代次数初值 $m=1$。

3）假定经过 m 次迭代，根据最近邻准则将 S 分成了 J 个子集 $S_1^{(m)},S_2^{(m)},\cdots,S_l^{(m)},\cdots,S_J^{(m)}$，即当 $\boldsymbol{X}\in S_l^{(m)}$ 时，下式应成立：

$$d(\boldsymbol{X},\boldsymbol{Y}_l^{(m-1)})\leqslant d(\boldsymbol{X},\boldsymbol{Y}_i^{(m-1)}),\quad \forall i\neq l \tag{2-24}$$

4）计算总畸变 $D^{(m)}$：

$$D^{(m)}=\sum_{l=1}^{J}\sum_{\boldsymbol{X}\in S_l^{(m)}}d(\boldsymbol{X},\boldsymbol{Y}_l^{(m-1)}) \tag{2-25}$$

5）计算畸变改进量 $\Delta D^{(m)}$ 的相对值 $\delta^{(m)}$：

$$\delta^{(m)}=\frac{\Delta D^{(m)}}{D^{(m)}}=\frac{|D^{(m-1)}-D^{(m)}|}{D^{(m)}} \tag{2-26}$$

6）计算新码本的码字 $\boldsymbol{Y}_1^{(m)},\boldsymbol{Y}_2^{(m)},\cdots,\boldsymbol{Y}_J^{(m)}$：

$$\boldsymbol{Y}_l^{(m)}=\frac{1}{N_l}\sum_{\boldsymbol{X}\in S_l^{(m)}}\boldsymbol{X} \tag{2-27}$$

7）判断 $\delta^{(m)}<\delta$，若小于转入 9）执行，否则转入 8）执行。

8）判断 $m<L$，若否，转入 9），若是，令 $m=m+1$，转入 3）执行。

9）迭代终止，输出 $\boldsymbol{Y}_1^{(m)},\boldsymbol{Y}_2^{(m)},\cdots,\boldsymbol{Y}_J^{(m)}$ 作为训练码本的码字，并且输出总畸变 $D^{(m)}$。

2.6.3 进化算法 EA

1. 进化算法的特点

不断的研究和应用已经清楚地表明了模拟自然进化的搜索过程可以产生非常鲁棒的计算机算法。进化算法（evolutionary algorithms，EA）就是在这种模拟中产生的。进化算法具有如下特点[18]：

1）对参数编码进行操作。

2）同时操作许多个点，能有效防止局部收敛，因而具有较大的可能求得全局最优解。

3）使用概率性的变换规则，而不是确定性的变换规则。

4）是一种启发式搜索，其效率往往优于其他随机方法。

5）对于待寻优的函数基本没有限制，它既不要求函数连续，更不要求可微，既可以是数学解析式表达的显函数，又可以是映射矩阵甚至神经网络等隐函数。

6）具有并行计算的特点，可以通过大规模并行计算来提高计算速度。

7）适合大规模复杂问题的优化。

其中，群体搜索策略和群体中个体之间的信息交换是进化算法的两大特点。

2. 进化算法流程

进化算法的基本框架是简单遗传算法所描述的框架，但在进化的方式上有较大的差异，选择、交叉、变异和种群控制等有很多变化，进化算法的流程如图2-26所示，其中，初始种群是针对具体问题随机设定的，评价是根据预先定义的一个评价函数来计算当前种群（当前代）的各个个体（候选解）在环境中的“适应度”（fitness）。长生机制的功能是通过选取一些进化方法（如选择、交叉和变异）从当前种群产生出新的个体。下一代种群就是从当前种群和新产生的个体中得到下一代种群，这就完成了一次进化。算法的终止条件是当前种群中存在某个候选解满足要求或允许进化的时限已到。在这个过程中，选取不同的进化方法决定了进化算法的不同种类。目前研究的进化算法包括遗传算法（genetic algorithms，GA）、遗传规划（genetic programming，GP）、进化策略（evolution strategies，ES）和进化规划（evolutionary programming，EP）四种典型方法。

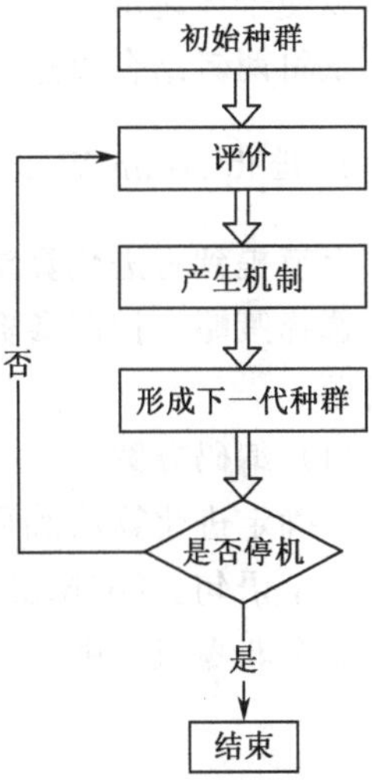

图 2-26　进化算法流程图

同遗传算法一样，进化算法的收敛性也有一些结果，在文献［19］中证明了保存最优个体时通用的进化算法是收敛的。但进化算法的很多结果是从遗传算法推导来。遗传算法对交叉操作要看重一些，认为变异操作是算法的辅助操作；而进化规划和进化策略认为交叉并不优于变异，甚至可以不要交叉操作。

进化算法采用简单的编码表示各个个体，并通过简单的遗传操作和优胜劣汰的自然选择指导搜索，这样目标函数不再受可微和连续等条件的约束。同时基于种群的运算又赋予了它全局搜索的特点。进化算法的这些特点使得它成功地应用到很多领域。将进化算法应用到一个具体问题中，需要解决编码方案、适应函数、选择策略、控制参数、遗传算子和终止准则的确定。

2.6.4　HMM 的改进

1. 改进思路

由于 Baum-Welch 算法解决了 HMM 参数估计问题，它只能得到一个局部最优模型，从而影响最终的识别率。对于 CHMM，采用分段平均方法来取得一个初始值可以解决这一问题，但对 DHMM 却改进不大。迄今为止，改进 DHMM

的方法有：①改进 LBG 算法；②使用方差修正 VQ；③采用模拟退火算法改善聚类码本质量；④使用遗传算法或神经网络优化 VQ 码本。

本节的改进思路是将进化算法与 Baum-Welch 算法相结合来训练 DHMM 模型。因为进化算法的最大特点是基因重组使子代基因趋于局部最优解，而基因变异可以使个体跳出局部搜索范围，再经过若干代的进化获得全局最优。所以，本节尝试将两者结合以达到提高识别率的最终目标。

2. 进化 Baum-Welch 算法

上节提到将进化算法应用到一个具体问题中，需要解决编码方案、适应函数、选择策略、控制参数、遗传算子和终止准则的确定问题，下面分别讨论这几个问题。

（1）编码方案

在确定进化算法编码方案时，一个个体对应于一个 DHMM，一个 DHMM 对应一个语句。DHMM 参数分 A 和 B 两部分。对于无跳跃从左向右模型，A 中只有 9 个非零值。由于

$$\sum_{i=1}^{5} a_{ij} = 1, \quad j = 1,\cdots,5 \tag{2-28}$$

因此 A 中只需 4 个参数形成染色体的一部分，即

$$a_{i,i+1}, \quad i = 1,\cdots,4 \tag{2-29}$$

B 中则有

$$b_{i,i,k}, \quad i = 1,\cdots,5;k = 1,\cdots,128 \tag{2-30}$$

和

$$b_{i,i+1,k}, \quad i = 1,\cdots,4;\ k = 1,\cdots,128 \tag{2-31}$$

等参数形成染色体的另一部分。由于

$$\sum_{k=1}^{128} b_{i,i,k} = 1, \quad i = 1,\cdots,5 \tag{2-32}$$

$$\sum_{k=1}^{128} b_{i,i+1,k} = 1, \quad i = 1,\cdots,4 \tag{2-33}$$

所以在遗传操作后还需对 B 部分做归一化的工作。

（2）适应函数

进化算法中，适应函数作为区分个体优劣的标准，需保证优秀个体的适应值比差个体的适应值高。这里取

$$f(\lambda) = \sum_{k=1}^{K} \ln(P(O^{(k)} \mid \lambda)) \tag{2-34}$$

为个体 λ 的适应值，其中，K 为训练各个模型的样本总数。显然这里的适应值均为负值，若采用基于适应值比例的选择，还需将其作标准化处理，并映射为正值。

（3）选择策略

基于适应值比例的选择策略和基于排名的选择策略是最常用的选择策略。由于基于适应值比例的选择策略经常会导致过早收敛，本节的实验中采用了基于排名的非线性选择。在每一代中，将群体成员按适应值从高到低依次排列，按照排名分配选择概率，适应值高的个体选择概率就高。这样也无需对上面求得的个体适应值进行标准化处理。但是也增加了一个排序过程，本节实验中采用了快速排序算法。

（4）遗传算子和控制参数

遗传算子包括杂交算子和变异算子，它直接影响到算法最终解。杂交算子相当于一个局部搜索操作，将两个父体进行杂交，在其附近产生两个子代。变异算子则跳出当前的搜索区域，在一个新的区域进行尝试。这二者的结合正是进化算法的精髓所在。这里考虑到 DHMM 的自身特点，采用了三个单点杂交。一点对应于一个状态。个体中 A 部分随机取一点，将两父体该点以后的对应值互换。再对每一状态在 B 的两部分中各随机选取一个点，将两父体改点后的分量进行互换，这样就完成了杂交操作。变异算子则采用均匀性变异，实验中采用了操作重叠的进化算法。另外种群大小取 30，最大进化代数取10 000，杂交概率 P_c 取 0.9，变异概率 P_m 取 0.001。

（5）终止策略

本节的终止准则是预定一个最大进化代数或在最优解连续多少代后仍然没有改进时终止。这里取最大进化代数为10 000。

3. 实验结果与分析

实验是基于 DHMM 非特定人语音识别系统进行的。训练数据取自 7 人，共 200 个样本。时间长度为 1～15s，采样频率为 8kHz，A/D 变换精度为 16bit，采用单声道语音进行识别测试。表 2-2 中 frame size 表示音框大小，即采样点个数；frame overlap 表示帧重叠大小，即重叠采样个数；inside test 是指参与语音识别的人，与训练模型的人是同一组人，因此识别率很高；outside test 是指识别的人和训练模型的人是不同的，一般 outside test 的识别率比 inside test 低，但是 outside test 得到的识别率比较符合现实情况。VQ 为识别时间和 HMM 训练时间，单位为 s。系统测试数据如表 2-2～表 2-6。

表 2-2 识别率测试数据

MFCC 维数	frame size	frame overlap	inside test	outside test	VQ 时间	HMM 时间
12	256	171	100%	75%	0.84	0.58
12	512	171	95%	65%	0.27	0.24
12	512	85	100%	75%	0.35	0.20
13	512	171	100%	70%	0.34	0.26
24	512	85	100%	70%	0.17	0.21
24	512	171	95%	75%	0.55	0.22
24	256	171	100%	70%	0.89	0.47
36	512	171	100%	65%	2.22	0.24

表 2-3 识别率测试数据（MFCC 维数为 12）

HMM 状态转移	VQ 分群数	inside test	outside test	VQ 时间	HMM 时间
3	64	100%	75%	0.32	0.18
4	64	100%	70%	0.41	0.22
4	128	100%	60%	1.48	0.21

表 2-4 识别率测试数据（MFCC 维数为 24）

HMM 状态转移	VQ 分群数	inside test	outside test	VQ 时间	HMM 时间
3	64	100%	80%	0.52	0.17
4	64	100%	80%	0.53	0.24
4	128	100%	65%	1.55	0.25

实验数据表明，MFCC 维数增加会延长 VQ 计算的时间，语音信号分帧个数增加时 outside test 会下降。帧重叠区越小，outside test 识别率越高。相同情况下也会在 MFCC 维数增加时发生。而当 VQ 码本尺寸增大，inside test 的识别率将得到提高，但 outside test 的识别率将降低。所以不能盲目增加码本尺寸。

表 2-5 识别率测试数据（MFCC 维数为 12，Baum-Welch 算法）

HMM 状态转移	VQ 分群数	inside test	outside test	VQ 时间	HMM 时间
3	64	100%	75%	0.32	0.18
4	64	100%	70%	0.41	0.22
4	128	100%	60%	1.48	0.21

表 2-6　识别率测试数据（MFCC 维数为 12，进化 Baum-Welch 算法）

HMM 状态转移	VQ 分群数	inside test	outside test	VQ 时间	HMM 时间
3	64	100%	79%	0.30	0.16
4	64	100%	75%	0.48	0.26
4	128	100%	65%	1.50	0.25

进化算法的智能性体现在基因重组使子代基因趋于局部最优解，而基因变异可以使得个体跳出局部搜索范围，再经过若干代的进化获得全局最优。也就是说，基因重组类似于局部搜索，而变异和种群的概念导致了全局搜索。但在实验中，发现上面所述的杂交算子很多时候并不能产生好的子代，局部搜索能力还不够。而 Baum-Welch 算法又是 DHMM 训练的经典局部搜索算法，因此考虑把它加入到基因操作中。为加强局部搜索能力而又不致使种群过早收敛和保持群体的多样性，在每一代子代产生后，随机选取一个个体，对它进行一次 Baum-Welch 迭代，取代其父体进入种群。实验结果表明，所得的解要优于直接用进化算法所得的解和 Baum-Welch 算法所得的解。

第3章 语音识别的硬件和软件平台

3.1 引　　言

语音识别平台必须具备相应的硬件和软件才能正常工作。在硬件上，获得语音信号必须依赖于前端的语音采集系统。一般可以使用Dialogic，NMS，东进等语音卡作为语音信号的采集和输出工具。在系统运行时，必须保证前端的语音采集系统处于正常工作状态。在开发应用程序时，只需要包括该前端系统的调用说明和调用参数的初始化，启用语音卡自带的板卡管理程序驱动语音板卡，并在语音应用程序中添加接口代码和初始化语音卡的参数就可以进行语音信号的采集和转换了。同时，近几年基于语音识别芯片的嵌入式产品也越来越多，如Sensory公司的RSC系列语音识别芯片[20]、Infineon公司的UniSpeech和UniLite语音芯片等，它们在嵌入式硬件开发中得到了广泛的应用。在软件上，目前比较成功的语音识别软件有：Nuance，IBM的ViaVoice和Microsoft的SAPI以及开源软件HTK/ATK，它们都是面向非特定人、大词汇量的连续语音识别系统。

本章主要介绍UniLite语音识别芯片、Dialogic语音卡、Nuance语音识别软件以及HTK/ATK语音识别开发包。

3.2 语音识别芯片

随着消费类电子产品中对于高性能、高稳健性语音接口需求的快速增加，嵌入式语音处理技术快速发展。嵌入式语音处理系统在硬件上通常基于LSI，MCU，DSP等芯片方案，软件上采用语音识别、语音合成、语音压缩编解码、回声消除等技术，可以应用在手持设备、智能家电等多个领域，赋予这些设备人性化的交互方式和便利的使用方法；也可应用于益智类产品中，实现声控玩具、语言教学设备；还可以应用于车载通信设备中实现人机交流，提供安全、便捷、高效的操控接口。目前，手机厂商推出的新款高档手机中已经加入非特定人人名拨号、低速率语音压缩编解码、回声消除等语音处理的功能。

3.2.1 UniLite芯片结构和参考设计

德国Infineon公司和北京凌声芯语音科技有限公司推出的UniLite芯片专为

语音识别和语音处理应用领域设计，芯片采用高集成度的 SoC 结构，以 0.18μm 工艺制造。其核心处理器件是一颗 16 位高速定点 DSP，运算速度最高可达 104MIPS，承担控制和运算的任务。这种简化的单 DSP 系统结构，使得系统资源得到有效调配，降低了系统的整体功耗。片内集成了 16KB 的 SRAM 程序存储器，用来存储应用程序和驱动程序；12KB 的 SRAM 数据存储器，用来存储系统运行时所需要的数据；32KB 的 ROM 程序存储器，用来存储语音识别以及语音压缩的算法；20KB 的 ROM 数据存储器，用于存储语音处理算法中所用的常数表。这种 RAM 与 ROM 存储器相结合的结构特点，在保证应用灵活性的同时大大降低了系统的整体成本。UniLite 芯片中还集成了一路 CODEC 通道，采用 ΣΔ 调制方式，能够在 8/16kHz 的采样频率下得到 12 位线性量化的数据。这样可根据具体应用的要求处理不同质量的语音或音频信号。UniLite 还集成了 16 个 GPIO 口和其他外围通信设备接口。实现与外部存储器，PC 等外部设备的数据交换，提供与用户间的辅助交互接口。UniLite 芯片结构如图 3-1 所示。

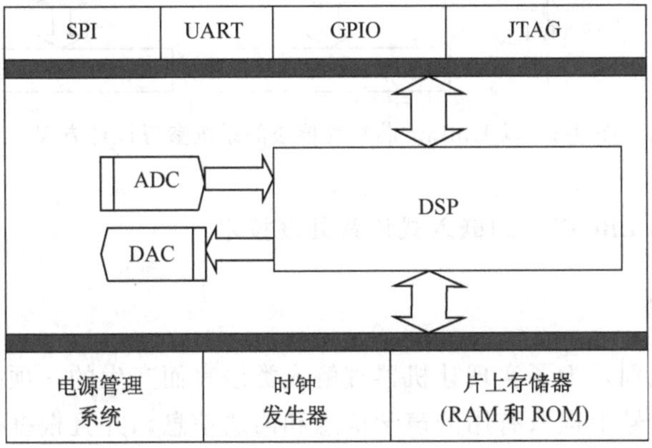

图 3-1　UniLite 芯片的结构框图

以 UniLite 芯片作为核心处理器件构成系统，外部只需扩展 Flash 存储器、电源芯片、启动芯片等少量芯片即可构成完整系统应用。图 3-2 是以 UniLite 芯片为核心的系统参考设计方案。

图中：

1）电源模块提供给系统三路稳定电源，分别为 3.3V（20mA）/2.5V（20mA）/1.8V（60mA）。

2）启动管理模块为 UniLite 启动所需的专用芯片。

3）SPI Flash 存储器芯片为 UniLite 工作必需的芯片，存储程序和数据信息。

4）NAND Flash 存储器芯片为系统选配芯片，可用于大容量存储语音数据。

功放芯片为系统外接喇叭时所需器件。

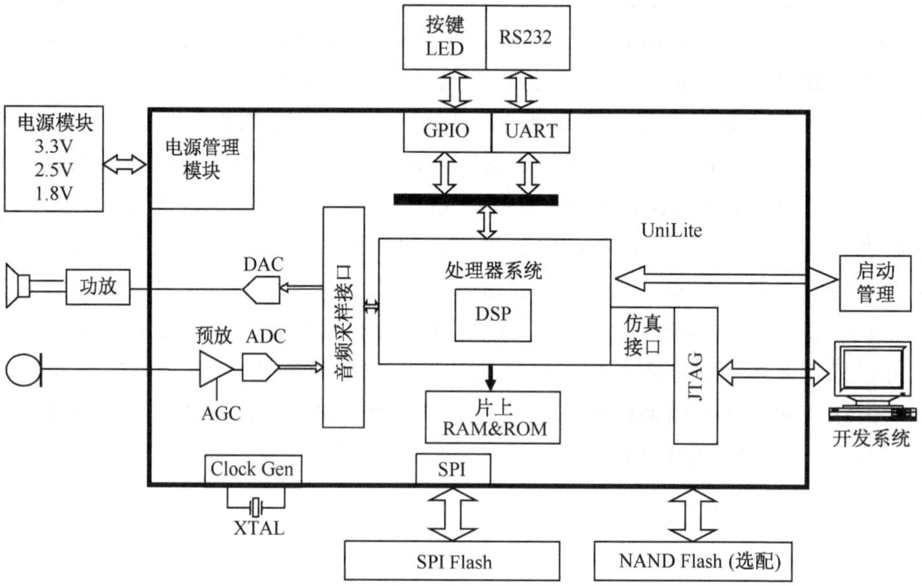

图 3-2 以 UniLite 芯片为核心的系统参考设计方案

3.2.2 基于 UniLite 芯片的嵌入式语音处理技术

1. 语音识别

自动语音识别是为了实现让机器理解人类语言而产生的一项技术，是研究如何从人的语音信号中提取有用的声学信息和语法信息，并且根据得到的信息确定语音信号的含义。

按照服务对象划分，语音识别系统可以是只针对某一个用户的，称为特定人工作方式；系统如果是针对任何人的，则称为非特定人工作方式。

特定人语音识别系统用户需要事先对待识别的每一个词条进行训练，在训练阶段，用户将词汇表中的每一个词依次说数遍，系统将其特征矢量序列存入模板库中。在识别阶段，系统将输入语音的特征依次与模板库中的每一个模板进行相似度比较，将相似度最高者作为识别结果输出。特定人识别系统识别的词条数目一般在 50 条左右，其优点是不受语种的限制。

非特定人语音识别系统采用基于统计模型的算法，系统开发者事先采集大量的语音数据进行训练，建立声学模型。在识别阶段，机器将用户的输入语音特征与通过声学模型构建的识别网络进行匹配解码，得到识别结果。一个典型的非特定人语音识别系统如图 3-3 所示。

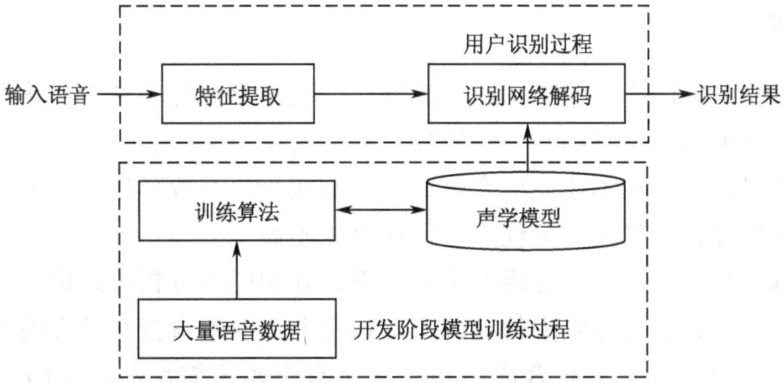

图 3-3　非特定人语音识别的系统框图

非特定人语音识别系统对于用户而言，不需要引入繁琐的训练过程，方便了用户的使用；同时它可以供不同的人使用，因此大大拓宽了产品的应用范围。另一方面，由于采用了基于统计模型的算法，其稳健性和识别性能都比特定人识别系统大大的提高。非特定人识别系统识别的词条数目可以达到上千条，识别性能不会随着识别词条数目的增加有明显的下降，并且具有一定的抗噪能力。

UniLite 芯片支持以上两种识别技术，并具有自身的特点。对于非特定人的中文语音识别技术，其特点在于：

1）识别词表可达百词级别。

2）识别性能达到中文 100 词识别率为 98.2%，识别响应时间为 0.87 倍实时。

3）可存储多个识别词表，支持每次识别动态指定 Active 词表；支持每次识别动态传送 Active 词表，或对指定的某个已存储词表附加动态传送的 Active 词条。

4）支持识别词表的实时在芯片更新：无需借助 PC 等任何外部资源，无需任何额外训练环节和训练时间，只要以 GB2312/GBK（包含繁体）/Unicode/汉语拼音等形式传送新的识别词表到芯片中，就可在下次识别中立即生效。

对于特定人语音识别，其特点在于：

1）支持多组词表，每组词表可达 100 词（建议应用到 60 词）。

2）智能指导用户训练的过程，不再依赖用户自行判断模板录音质量，可自动判别用户训练是否成功。

3）独有“时间自适应”专利技术：随着时间推移人的口音会产生缓慢的变化，因此采用传统算法的特定人系统使用一段时间后识别区分度会显著下降，“时间自适应”技术使得系统能够自动维护识别模板的效能，保持识别性能的持续稳定。

2. 语音压缩编解码

语音压缩编解码广泛的应用于语音通信、数字存储等领域。从算法上一般分为三类：波形编码、参数编码（声码器）和混合编码。

波形编码技术是在不建立语音模型下，直接对语音波形用编码方式逼近。它具有语音质量好、抗噪性强等优点，但压缩率不高。

参数编码是在一定的语音模型为基础下，在编码端分析出该模型参数，并选择适当的方式对其进行高效率的编码，解码端利用这些参数和语音模型，用合适的激励源（excitation）重新合成语音。它具有编码压缩率高、编码速率低的特点，但音质较差。

混合编码又称基于合成分析法的线性预测编码（ABS-LPC），保留了参数编码的语音模型的假定，又利用波形编码的准则优化激励信号。它包括多脉冲激励线性预测编码（MPLPC）、规则激励线性预测编码（RPELPC）和码激励线性预测编码（CELPC）等，它在 4～16kbit/s 速率上能够得到高质量合成语音。

UniLite 芯片支持以上三种编码技术，速率范围为 5～32kbit/s。

3.2.3 基于 UniLite 芯片的语音协处理模块

为了简化用户的开发工作，凌声芯公司提供用户基于 UniLite 芯片的语音协处理模块。该模块将语音识别和语音处理的相应功能封装入一个独立工作的嵌入式硬件/固件模块，提供十分简洁的输入输出接口同用户主控系统相连，模块基于 UART 数字通信端口受控于主控系统工作，为主控系统提供语音识别、语音编解码等语音处理功能。模块体积紧凑，用户可以直接将其植入样机或产品之中进行批量生产。图 3-4 是基于 UniLite 芯片的语音协处理模块接口示意，其中各个信号的定义和功能如表 3-1 所示。

表 3-1 协处理模块信号定义

信号定义	含义	说明
VDD33	3.3V 电源	3.3V
VDD25	2.5V 电源	2.5V
VDD18	1.8V 电源	1.8V
GND	电源地	
TX	发送数据线	UniLite→主控系统
RX	接受数据线	主控系统→ UniLite
RST	复位线	主控系统→ UniLite，低脉冲有效时复位 UniLite
STATE	DSP 状态线	UniLite→主控系统，标志 UniLite 工作状态
MIC	音频输入	主控系统→ UniLite，模拟信号
SPK	音频输出	UniLite →主控系统，模拟信号

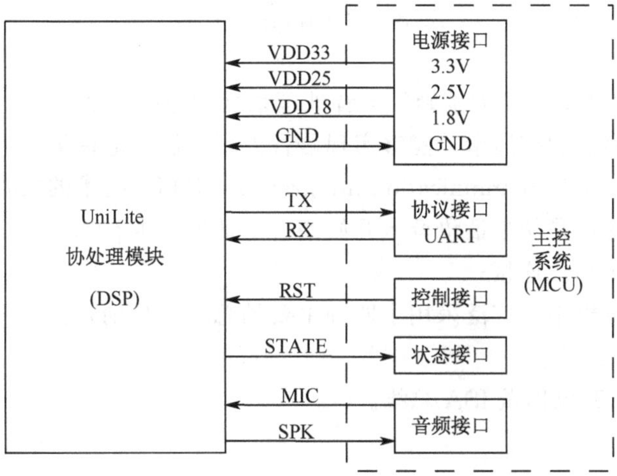

图 3-4　基于 UniLite 芯片的协处理模块接口示意图

3.2.4　典型应用举例

基于 UniLite 芯片的嵌入式语音处理综合方案可以应用于多种产品中，其典型应用包括语音遥控器、电话声控拨号、车载声控通信系统、工业用语音监录仪、智能玩具及幼教机和声控点歌 MP3 等。图 3-5 是以 UniLite 芯片为核心构成的语音遥控器方案示意图。

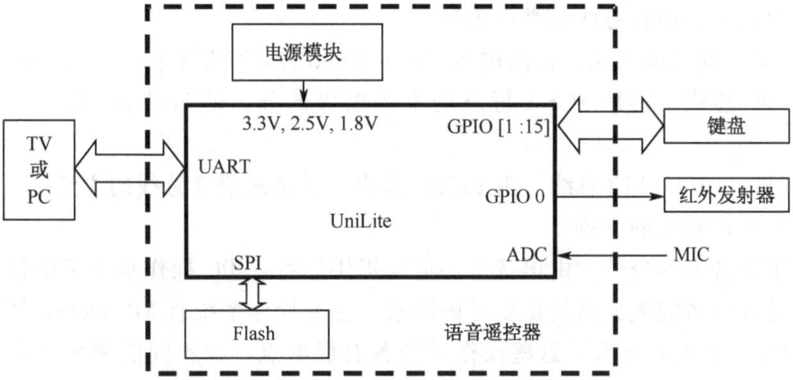

图 3-5　UniLite 语音遥控器方案示意图

该语音遥控器可以通过 UART 接口与电视机或 PC 机连接，下载频道信息并自动将其存储在系统的 Flash 中；用户使用时就可以用语音命令取代任何手动按键，来遥控设备欣赏不同的节目，享受智能化语音处理技术带来的快乐。

3.3 电话语音卡

电话语音卡是以 PC 为基础的语音处理系统的重要组成部分。它是工业标准的 IBM PC 兼容机的扩展卡，能够实现语音处理功能。电话语音卡是计算机通信集成（computer telecommunication integration，CTI）技术的核心硬件，开放式电信平台的概念也是从电话语音卡开始的。电话语音卡有如下几个重要的特征。

（1）计算机总线连接

在个人计算机中，广泛采用了四种主要的总线，分别是：

1）8bit PC/XT。

2）16bit AT 也称做 ISA 总线。

3）VME。

4）PCI。

（2）电话线接口

主要是 RJ-11 和 RJ-14 接口，允许一条或两条模拟二线接口与语音卡直接相连。有的语音卡也可以通过数字接口与电话网络相连。

（3）语音总线连接

“语音总线”实际上是一个与计算机本身无关的总线，能够对语音卡加以控制，使音频信号的信令能够在不同的语音处理模块之间相互传输。近年来，由于广泛应用的传真集成，语音识别和语音合成技术，需要另一块具有语音总线的语音卡专门处理。语音总线的类型包括：

1）多厂商集成协议。目前被 NMS 和 Rhetorex 等语音卡开发商支持。

2）SC 总线。它是 SCSA 标准的重要组成部分，是 Dialogic 的新一代语音总线。

3）H. 100/H. 110 总线。由 ECTF 提出，是未来语音总线的主流。

（4）操作系统的支持

除了语音卡本身外，由语音卡制造商提供的特定 PC 操作系统下的设备驱动程序也是许多系统集成商的重要考虑因素。主要操作系统有 MS-DOS，Windows 系列，Unix 和 Linux 等，这些操作系统各有优缺点，在不同的领域具有不同的用途。

（5）电脑语音功能

一般而言，语音卡具备一些电话系统的基本功能，如：

1）摘挂机。

2）呼叫结束的通知。

3）发送叉簧信号。

4）拨字符串，主要是双音多频（dual tone multi-frequency，DTMF），当然多数也支持脉冲数字和多频（multi-frequency，MF）。

5）呼叫处理分析，确定转接或外拨呼叫的相应结果。主要靠检测铃流、忙音、操作者中断及节拍确定。

6）呼叫进程监视。与呼叫处理分析相似，区别是贯穿于呼叫的全过程，即使在呼叫应答时存在其他操作，也不间断。

7）全局音检测。

（6）语音处理功能

语音处理功能有：

1）录制音频信号，存入文件。

2）播放音频文件。

3）检测信号音。标准的是 DTMF 信号音，也可采用 MF。

4）DTMF 输入。在播放提示时可以输入 DTMF 数字，中断该提示音的播放。大多数语音卡都支持此功能。在模拟电话线上，发送出去的音频信号在线路上会通过呼叫用户的话机环，语音卡会听到话音、背景噪声、用户按键的信号音以及回声。

5）录音和放音时的出错处理。所谓讲话出错，指的是信号音的错误检测。当录制声音文件时，由于人的语音包含丰富的频谱分量，可能某个成分刚好与按键盘信号吻合。这样语音卡会误认为用户按下了某一个按键，这样就会产生误操作。

6）脉冲数字检测。脉冲数字识别比音频数字识别要困难得多，因为用来计数的环流的下降信号并不在电话交换机上传送。所以必须有一个算法，来判断脉冲拨号时的“嚓嚓”声到底代表哪一个数字。

7）语音识别。也称为语音-文本的转化。

8）语音合成。把任意的文本输入转化为声音的输出。

9）会议/交换。连接两方或多方用户，实现多方通话。

（7）Fax 集成。主要的传真功能有：

1）录制传真数据，存入文件。

2）取出传真文件的数据，向外发传真。

3）传真合成。把任意的 ASCII 文本或图形格式文件转化为传真格式并发送出去。

3.3.1 Dialogic 语音卡硬件原理

电话语音卡的硬件组成不尽相同，但现代电话语音卡一般都具有自身的 CPU 和附加的 DSP 信号处理功能。由电话语音接口，主机总线接口和语音总线等几大部分组成。电话语音卡比较有代表性的是 Intel 公司的 Dialogic 系列语音板卡，下面介绍 Dialogic D/4 卡的组成[21]。

1. 处理器

微处理器是电话语音卡的核心，语音卡的功能很大程度上取决于处理器执行程序的功能。不同的语音卡可能配置不同数目和不同特性的微处理器，其中的数字信号处理器（DSP）是最为重要的。DSP 是特殊类型的微处理器，专门为数字信号处理功能而设计。D/4 卡的 DSP 是 Motorola 公司的 DSP56001，此处理器的工作时钟是 33MHz，字长为 16 位。它的内部具有存放数据或程序的 RAM，同时外部也有扩展的 RAM，用来存放处理电脑语音中话音和信令的固件程序。除此之外，还有高速 SRAM，存放要求更高的数据传送和处理程序。因此板卡上以 DSP 为核心，构成了微处理系统，具有本地的存储器和输入输出设备，可在 PC 的控制下启动、停止、挂起和执行。

Dialogic D/4 卡是双处理器结构，除了 DSP 外，还有一个 Intel 80186 处理器。此处理器的主要任务不是运算，而是控制。80186 是通用微处理器，完成数据移动和任务决策的仲裁工作，实现板卡数据流移动时的逻辑控制。这两种处理器的功能结合在一起完成底层的决策、仲裁和运算功能，可以缓解主机的负担，提高整个系统的运行效率。

2. 语音卡与 PC 的接口

语音卡并不是独立的模块，只有插在 PC 内才能运行。PC 可以控制语音卡，PC 和板上的核心 DSP 属“主从并行”工作模式，PC 的 CPU 和板上的 DSP 可以并行执行，但 DSP 处于从属地位，只有在 PC 的控制下才能进行工作。Dialogic D/4 卡与 PC 的接口采用的是 32 位 PCI 总线。

语音卡和 PC 的通信需要占用一些 PC 的资源，如存储器、中断和 I/O 等。数据传送要使用 PC 和语音卡共享的存储器，这块存储器在语音卡上，但要占用 PC 的地址空间。这个地址空间必须是空闲的，PC 和语音卡的处理器都能访问它。

PC 和 DSP 可相互中断。PC 可中断 DSP 程序的执行，DSP 也可以中断主机 CPU 程序的执行，以完成一定的控制功能。因此语音卡还要占用 PC 的一个硬中断资源。语音卡占用的 PC 资源包括：内存、中断和 I/O，还需要硬件设置和软件设置，而且要保持一致。

3. 语音卡与电话网的接口

语音卡是实现电脑语音应用的功能部件，一般都有与电话网的接口。电话网具有不同类型的接口，如模拟接口和数字接口等。有些语音卡是完成语音通信功能，也有些是完成传真通信功能，因此语音卡的接口也分为模拟和数字两种。

这里介绍的语音卡是四线模拟语音卡，采用的是模拟接口，每一通道通过两根电话线与电话网用户相连。电话线接口模拟功能实现一些电平的转换和控制，并在这些电平进行数字化之前进行预滤波，以滤出多余的话音频率成分。DSP进行音频数字化可采用不同的编码方法和速率，在话音质量和存储量方面寻求折中。不同的通道可采用不同的速率，并可在话音回放或初放时随时更改。

4. 固件结构

在现代电话语音设备中，固件是一个很重要的概念。固件是指 DSP SRAM 内存中存储的程序，在程序执行前下载，完成相应的语音处理功能，这些功能包括：

(1) 呼入处理

1) 音频信号数字化。

2) 检测 DTMF 和 MF 信号音。

3) 线路有音/无音状态的检测。

(2) 呼出处理

1) 扩展压缩的音频数据。

2) 调整回放的音量和速率。

3) 产生 DTMF 和 MF 信号音。

(3) 外拨呼叫时的呼叫进程分析

1) 向电话网发摘机信号。

2) 拨数字串。

3) 监视和报告线路状态，包括忙音、拥塞和振铃等。

3.3.2 Dialogic 语音卡软件接口

语音卡的软件是为驱动硬件工作提供的控制代码，一般的语音卡的软件具有三个层次，如图 3-6 所示。

图 3-6 中最底层的是计算机电话语音卡及板上运行的固件，中间层是操作系统内核，包括设备驱动程序等，最上层是应用程序编程接口（API），包括工具函数库和事件驱动函数库等。应用程序的开发人员主要面对的是最上层的 API[21]。

在语音识别应用程序开发中将会用到 Dialogic 语音卡提供的一些 API，下面就来介绍一下一些比较重要的 API[22]。

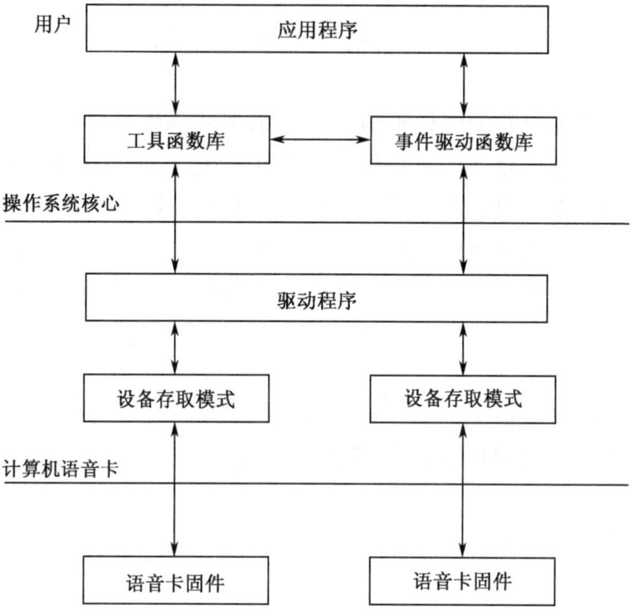

图 3-6　语音卡软件结构

(1) int dx _ open(namep，oflags)

功能：使用这个函数可以打开一个语音卡的设备并返回一个已经定义了的设备的句柄。所有已经被打开了的设备在被关闭前都必须使用相应的句柄，并且相同的设备能够在不同的进程中被打开多次。

参数：char * namep　指向包含了一个有效的语音卡设备名称的 ASCII 字符串的指针。

int oflags　此参数是为以后使用所保留的一个参数，应该设置成为 NULL。

(2) int dx _ setevtmsk(chdev,mask)

功能：此函数能够探察到通话过程中通话情况改变的事件。当呼叫情况改变的事件发生的时候，调用此函数能够检测到，并且将检测到的事件放入消息队列中。当函数返回 0，则设置成功，返回－1，则设置失败。

参数：int chdev　一个通过使用 dx _ open()被打开的语音卡通道的句柄。

unsigned int mask　可能发生的事件。如果某些事件没有在 mask 参数中说明，那么当这个事件发生的时候，语音卡将不会检测到这个事件。

(3) int dx _ setparm(dev，parm，valuep)

功能：调用此函数可以允许使用者设置语音卡通道的物理参数，如暂停的时间，来电时振铃的次数，这些参数只能够被设置一次。当语音卡的某一个通道调用这个函数时，此通道必须是空闲的。板卡和通道资源都要设置不同的参数。板卡上设置的参数能够影响到板卡上的通道，而对所指定的语音通道上所设置的参数只对此通道有影响。当函数返回 0，则设置成功，返回－1，则设置失败。

参数：int dev　通过 dx _ open()所打开的有效的语音通道或者是语音卡上面的设备的句柄。

unsigned long parm　语音卡通道或者语音卡设备上所要设置的参数。

void * valuep　指向一个 4 字节的所设置的语音通道或者语音卡设备的参数的变量的指针。

(4) int dx _ sethook(chdev，hookstate，mode)

功能：此函数用来设置语音卡的接通或者挂断状态。当函数返回 0，则设置成功，返回－1，则设置失败。

参数：int chdev　一个通过使用 dx _ open()被打开的语音卡通道的句柄。

int hookstate　对指定的语音通道所定义的接通或者挂断的参数。参数如下定义：

DX _ ONHOOK：接通状态；

DX _ OFFHOOK：挂断状态。

unsigned short mode　说明当调用这个函数时是异步或者同步。

(5) int dx _ addtone(chdev，digit，digtype)

功能：调用此函数可以在指定的语音通道上添加用户通过调用 dx _ blddt()函数自定义的声音。当函数返回 0，则添加成功，返回－1，则添加失败。

参数：int chdev　一个通过使用 dx _ open()被打开的语音卡通道的句柄。

unsigned char digit　与自定义的声音相联系的一个指定的数字。当这个自定义的声音被检测到的时候，这个参数的值将会被放入 DV _ DIGIT 结构中。如果用户没有指定值，则自定义的声音将会被 DE _ TONEON 事件或者 DE _ TONEOFF 事件检测到。

unsigned char digtype　在将被检测到的语音通道中的参数 digit 值的类型。

(6) int dx _ deltones(chdev)

功能：调用此函数可删除在指定的语音通道上用户通过调用 dx _ addtone()函数自定义的声音。当函数返回 0，则删除成功，返回－1，则删除失败。如果在次通道上没有用户自定义的声音，则此函数将不会起到任何作用。

参数：int chdev　一个通过使用 dx _ open()被打开的语音卡通道的句柄。

(7) int dx _ playf(chdev，fname，tptp，mode)和 int dx _ playwav(chdev，fname，tptp，mode)

功能：两个函数都是声音文件的播放函数。dx _ playf()能够播放一个声音文件或者将单个文件转换成为一个 ADSI 的数据文件。而 dx _ playwav()只能够播放一个 WAVE 文件。两个函数具有相同的参数和相同类型的返回值，并且返回值所表示的意义相同。当函数返回 0，则播放成功，返回－1，则播放失败。

参数：int chdev　一个通过使用 dx _ open()被打开的语音卡通道的句柄。

char * fname　所播放文件的文件名。

DV _ TPT * tptp　一个表示中断条件的 DV _ TPT 结构的指针。

unsigned short mode　指定的播放模式。

(8) int dx _ getdig(chdev，tptp，digitp，mode)

功能：调用此函数能够从通道的数字缓冲器中收集数字，中断正在执行的函数。这个所谓的数字是通过电话键盘输入，并且储存在 DV _ DIGIT 结构中。当函数返回 0，则运行成功，返回－1，则运行失败。

参数：int chdev　一个通过使用 dx _ open()被打开的语音卡通道的句柄。

DV _ TPT * tptp　一个表示中断条件的 DV _ TPT 结构的指针。

DV _ DIGIT * digitp　指向用户数字缓冲器的结构指针。

unsigned short mode　说明运行这个函数时是异步运行还是同步运行。

(9) int dx _ recf(chdev，fnamep，tptp，mode)

功能：调用此函数可以把从语音通道中获得的声音数据储存为一个单独的声音文件。当函数返回 0，则录音成功，返回－1，则录音失败。

参数：int chdev　一个有效的语音通道的句柄。

char * fnamep　存储文件的文件名。

DV _ TPT * tptp　一个表示中断条件的 DV _ TPT 结构的指针。

unsigned short mode　说明运行这个函数时是异步运行还是同步运行。

(10) long ATDX _ TERMMSK(chdev)

功能：此函数的返回值说明了以 chdev 为句柄的语音通道在输入或者输出过程中发生中断的原因。函数的返回值如下所示：

TM _ NORMTERN　一般的中断（调用 dx _ dial()和 dx _ sethook()函数时发生的中断）。

TM _ MAXDTMF　检测到拨号音时发生中断。

TM _ MAXSIL　由于一段最长的静音发生的中断。

TM _ IDDTIME　Inter-digit 的延时时发生的中断。

TM _ DIGIT　接受到特殊的数字时发生的中断。

TM _ USRSTOP　函数被用户中止时发生的中断。

TM _ END　语音文件播放完毕后发生的中断。

TM _ TONE　检测到电话挂断时发生的中断。

TM _ ERROR　输入输出设备发生错误时发生的中断。

上面所列出的应用程序接口函数都是在构建语音识别程序的时候要用到的。在介绍这些接口函数的同时，还提到了 DV _ TPT 和 DV _ DIGIT 两个数据结构，这两个结构在编程中也起到了很重要的作用，下面就来说明这两个结构。

(1) DV _ TPT 结构

此结构的作用是用来设置输入输出函数在执行时的中断条件。如果在结构中设置了多个中断条件，则最先发生的条件将会中断函数执行。该结构的定义如下：

```
typedef struct DV _ TPT{
     unsigned short tp _ type;
     unsigned short tp _ termno;
     unsigned short tp _ length;
     unsigned short tp _ flags;
     unsigned short tp _ data ;
     unsigned short rfu;
     DV _ TPT * tp _ nextp;
}DV _ TPT;
```

tp _ type　描述这个结构在 DV _ TPT 数组中的位置，是处在这个数组当中，还是处在这个数组的第一位或者是最后一位。

tp _ termno　设置中断条件。中断条件有很多，在程序中用到的中断条件是 DX _ MAXDTMF。这是一个函数最大的执行时间的条件，也就是说当调用的函数完成了满足自身参数的所有功能后（也就是执行了最长的时间）就中断函数的执行。

tp _ length　指明每个中断条件的长度或者大小。

tp _ flags　描述指定的中断条件的不同的特征。

tp _ data　指定一个可选择的额外的数据。

* tp _ nextp　如果 tp _ type 参数设置的是 IO _ LINK（表示这是结构数组中的一个环节），则此参数表示指向下一个中断结构的指针。

(2) DV _ DIGIT 结构

当执行了 dx _ getdig()函数以后，就可以从固件中收集到所拨的数字，并把这些数字转换到用户的数字缓冲器中。在数字缓冲器中，DV _ DIGIT 结构的数组被存储起来。此结构的定义如下：

```
typedef struct DV_DIGIT{
     char dg_value[DG_MAXDIGS+1];
     char dg_type[DG_MAXDIGS+1];
}DV_DIGIT;
```

dg_value 表示收集到的电话键盘所拨的数字的 ASCII 的值的一个字符串。

dg_type 指明一个数字类型的数组。数组中的每一个元素都是包含 dg_value 参数的值的字符串的数字。

3.3.3 Dialogic 语音卡的初始化

Intel 公司为 Dialogic 语音卡用户提供了一整套的板卡管理系统软件，即 Dialogic语音卡驱动及管理程序 DCM（Dialogic board configuration management）。在使用语音卡处理语音识别程序时，必须首先使用 DCM 驱动板卡，并完成对板卡配置项目的设定，进而基于编程语言完成对硬件端口的初始化，并进行 API 函数的编程和调用[23]。

1. 语音卡驱动

在 PC 机上完成 Dialogic 语音卡的硬件安装后，应该立即安装硬件配套管理系统软件 Dialogic SDK V 5.1.1。DCM 是该 SDK 的一个组成软件，主要负责管理板卡驱动和设置硬件接口配置。DCM 会自动扫描语音板卡的接口，对板卡型号变动（如更换板卡）自动识别，在更换板卡时可以不用重新安装 DCM 程序，DCM 会自动选用默认端口参数来驱动板卡工作。但是，为使板卡发挥最好的工作效果，如果更换了语音板卡，就应该对 DCM 的非自动选项进行配置，再用编程语言对 Dialogic 卡的系统参数进行赋值和初始化。DCM 板卡管理程序运行 Dialogic /4 PCI 卡如图 3-7 所示。

在使用 Dialogic/4 PCI 语音卡搭建按键式语音应答系统时，可以使用 DCM 的自动识别默认配置，无需改动。而使用 Dialogic /120 JCT-LS 语音卡搭建语音识别系统时，则必须对选项进行更改如图 3-8 所示，以便板卡可以识别语音信号并完成前期采集。

在设置好板卡驱动参数后，在运行语音识别应用程序前，运行 DCM 以驱动板卡，Dialogic 语音采集卡就可以正常工作了。

2. 语音卡 API 函数调用设置

Dialogic 语音板卡为程序开发提供了很多接口函数，在调用前必须给这些函数赋值，并进行板卡端口初始化。在编程时，只需要对具体参数赋值和调用就可以了。

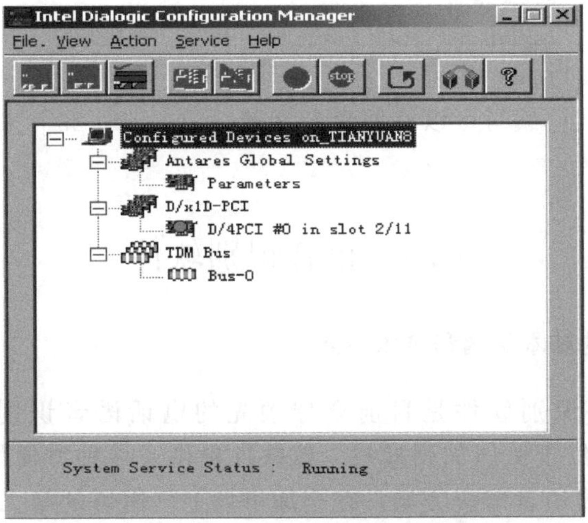

图 3-7　DCM 板卡管理程序

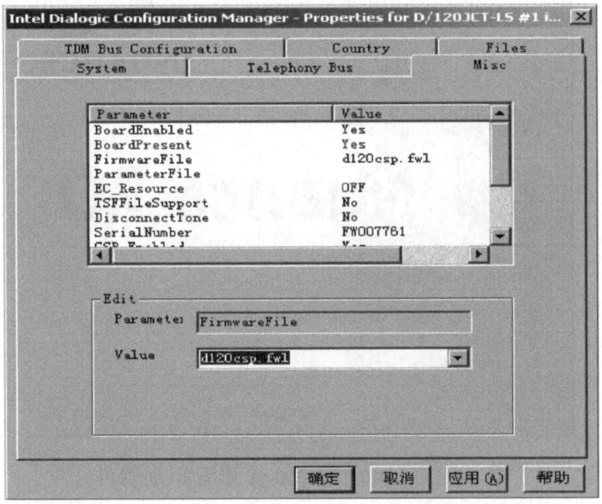

图 3-8　更改 DCM 板卡管理程序

3. 语音卡初始化

Dialogic 语音卡在初始化前，必须在应用程序的开头部分包含下列头文件：

```
#include "srllib.h"
#include "dxxxlib.h"
#include <windows.h>
#include "dtilib.h"
```

```
#include "sctools.h"
#include "faxlib.h"
#include "fcntl.h"
```

具体初始化代码编写可以按照参考文献［21］～［23］来完成，这里不再赘述。

3.4 语音识别软件

3.4.1 Nuance 的基本结构和技术特点

Nuance 语音识别软件是目前全球领先的电话语音识别软件（图 3-9），Nuance公司总部位于美国加州硅谷。该软件提供了一种方便优化、高度准确、易于配置的可扩展语音解决方案。在全球市场上已销售的第二代语音软件总数中，Nuance 占据了 46%的份额。

图 3-9 Nuance V 7.0.4 语音识别软件

Nuance 语音识别软件基本框架由 Nuance 基础 API、语音模板库、编译服务器、语音服务器和后台运行数据库构成[24]，系统组件构成如图 3-10 所示。

Nuance 的技术特点如下：

1）支持自然、自由的语音识别，识别率高达 97%。

2）支持 VoiceXML 2.0（一种基于开放标准的语音应用编程语言）。利用 VoiceXML 2.0 标准和 Nuance 语音识别软件，用户可在网络应用中使用 Nuance 提供的 API 开发自己的网络应用。Nuance 也支持 SALT 语言标准，因为 SALT 采用了与 VoiceXML 2.0 相同的提示语和语法格式。

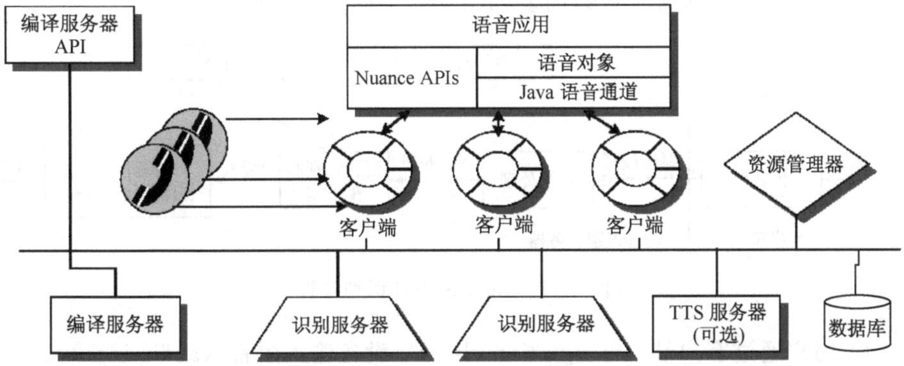

图 3-10　Nuance 平台的基本结构

3）Nuance 支持网络语音电话（VoIP），具有解决背景噪声、串音、信号衰减、丢包、语音压缩等问题的能力，可为网络电话提供较高的语音识别准确度。

4）自动调校功能。Nuance 语音系统可自动调整以适应特定用户群的共同特征，如适应南方口音。自动调校功能可将错误率降低 60%，从而加速客户处理过程和提高服务质量。

5）可以实时分析个人呼叫的声音特征与环境状态。可以运用这些信息为每位来电者创建个性化的用户界面，使服务更有针对性，更加易于使用。

6）"动态语言检测"功能支持语音应用软件实时自动检测来电者所使用的语言。来电者只要以自己熟悉的语言开口说话，系统就能够理解并相应地与其对话。

Nuance 的其他主要技术特性还包括：

1）大词汇量和与讲话人无关的识别能力，可以处理一亿条语法。

2）在嘈杂环境中的识别准确度高。

3）语音识别、声纹鉴别和语音合成无缝集成。

4）操作、管理和维护（OA&M）框架支持 SNMP（简单网络管理协议），便于与现有运维系统、计费系统及其他应用系统集成。

5）打断功能允许用户在提示音播放当中随时说出需求。

6）热词识别功能可实时监听发现对话中是否出现预定义的特殊词汇。

7）支持包括普通话、广东话、国语（台湾地区）在内的 28 个语种，可在全球范围进行运用。

8）支持 Oracle 9.2。

3.4.2　Nuance 语音识别过程

Nuance 语音识别平台的具体工作过程和后台机制比较复杂，但是其主要工作过程（如图 3-11 所示）可以简要归结为如下的 5 个步骤：

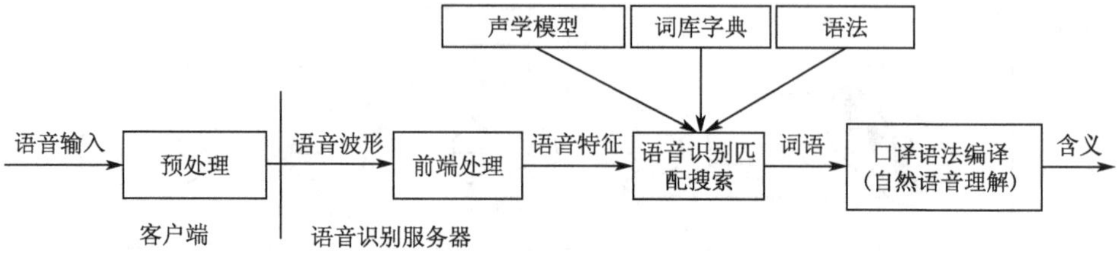

图 3-11　Nuance 语音识别过程

1）用户通过客户端（recognition client）设备输入语音（audio input）。

2）通过预处理（preprocessing）获取用户语音波形（utterance waveform）。

3）进入识别服务器（recognition server）提取语音特征（speech features）。

4）通过声学模型（acoustic models）、词库字典（dictionaries）和语法（grammars）进行语音识别匹配搜索（recognition search）。

5）匹配结果通过自然语言理解（natural language understanding），即口译语法编译（interpretation）后，通过终端输出语音识别结果，即该语音内容的含义（meaning）。

Nuance 平台提供两种工作模式，工作模式不同时，对于在它上面建立的语音识别程序有决定性的影响。这两种工作模式即识别模式和命令模式。

在识别工作模式下，Nuance 将提供一个巨大的语音单词库和识别模板库。任何语音识别程序都不需要再对识别语法进行设置和编程，只需要编制识别主程序就可以进行语音识别应用了，即由 Nuance 系统后台提供识别环境设置，编程人员只是进行应用程序的编写。在识别方式下编写代码非常简单，只需按照 Nuance 提供的主程序源代码进行改写就可以了。

Nuance 提供的命令方式相对识别工作方式来说，就显得比较麻烦。用户需要为应用程序提供的语音编写语音字典，并编译形成语音模板，然后再编写语音识别主程序，对应用程序提供的语音字典内的语音进行识别和处理，即编程人员必须自己编写语音字典，编译语音模板，设置 Nuance 语音识别工作环境，并编制语音识别主程序。

因为本书所使用的 Nuance 平台没有提供后台语音识别单词库和识别模板，因此，只能采用第二种工作模式，即命令工作模式，也就是先告诉 Nuance 系统要识别那些语音，再针对这些语音编制应用程序和设置识别环境。Nuance 命令模式工作流程如图 3-12 所示。

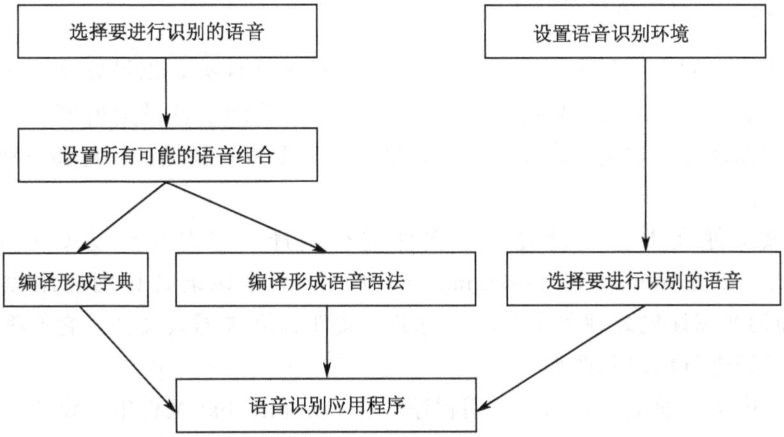

图 3-12　Nuance 命令模式工作流程图

3.4.3　基于 Nuance 的语音识别应用程序开发方法

1. 主程序源代码

Nuance 平台的语音应用程序可以使用 Visual C++6.0(MFC)开发，Nuance 基于 MFC 提供了许多新的类，源代码运行效率很高，并提供了更加强大的数据库访问功能。并且，由于 Win32 API 支持抢占式多任务和多线程编程，所以 Microsoft Windows 应用程序更多地基于多线程工作。Nuance 的语音识别程序是一个多线程多任务的应用程序，使用 MFC 编写代码，可以使应用程序更加健壮和有效率。Nuance 平台为编程提供了大量的底层 API，可以直接调用和访问，极大地方便了语音识别应用程序的设计[25]。

在 Nuance 的应用程序编制工程中，在所建立的文件夹中必须包括 Src 文件夹，其中保存应用程序的源代码。主程序的结构如下：

```
#include "app.h"
#include "def.h"
#include "stdio.h"
#include <windows.h>
void  ConPipe()
{
  … //主程序代码行
}
```

2. Nuance 识别语法的设置

在所建立的应用程序文件夹中建立 Grammar 文件夹，以设置系统运行语音识别的语法。Nuance 的语音识别过程，就像是给关键语音设定齿槽（slot），并通过系统编译形成识别比对字典，在识别时，只要进行齿槽的比对和识别就可以识别语音。

在该文件夹中应当设置三个文件进行编译，它们分别是 Compile. bat，**. slot _ definitions和 **. grammar（其中，** 是该语音识别应用程序的名字），即词典编译批处理程序文件、槽定义文件和语法词典文件，它们都可以用记事本打开进行编辑和改动。

对于中文普通话语音识别应用程序，在 Compile. bat 文件中的设置可编写为

```
Nuance-compile. exe **
Mandarin. china. 1. 5. 0
Lm. Addresses = localhost
Pause
```

**. slot _ definitions 文件用于定义识别槽（slot），即设置识别关键字。在系统中，它表现为记录数据库中设置对应的字段名称。

**. grammar 文件用于设置 Nuance 系统的最终识别语法，以便编译形成字典。对于中文普通话识别而言，它是用汉语拼音、方圆括号和 Nuance 系统语法命令字符编写而成的，为了使识别效率提高，在这里应当设置所有可能的中文发音表达。

在三个文件都编制设置完成后，就可以运行 Compile. bat 批处理文件，编译形成系统运行比对字典。

3. Nuance 系统控制的设定

为了控制 Nuance 系统的正确运行，还必须设置 4 个 Nuance 系统运行控制文件，它们是 AutoStart. bat，AutoServ. bat，Recclient. bat 和 AutoApp. bat 这 4 个批处理文件。它们各自的作用及设置如下：

（1） AutoStart. bat 文件

启动 Nuance 系统并进行系统的初始化。对于 V7. 0. 4 版本的中文普通话语音识别应用程序，在文件中设置编写为

```
nlm ntk7-100062003-a-x12-00347a1f1ac4
```

AutoStart. bat 文件的运行情况如图 3-13 所示。

（2） AutoServ. bat 文件

启动 Nuance 系统服务器端口并进行端口的参数初始化。对于中文普通话语

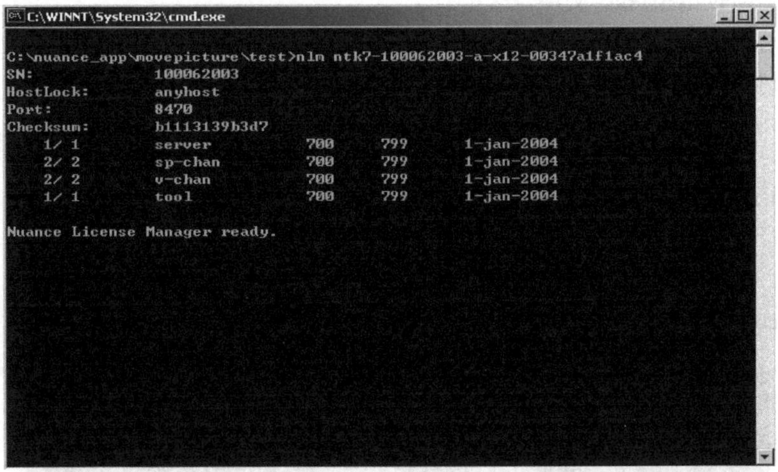

图 3-13　AutoStart. bat 文件的运行情况

音识别应用程序，在文件中设置编写为

recserver -package grammar\ ** (** 是应用程序的名字)

lm. Addresses = localhost(设置本地 Nuance 语音识别服务器)

config. DebugLevel = 2 (设置纠错水平)

pause

AutoServ. bat 文件的运行情况如图 3-14 所示。

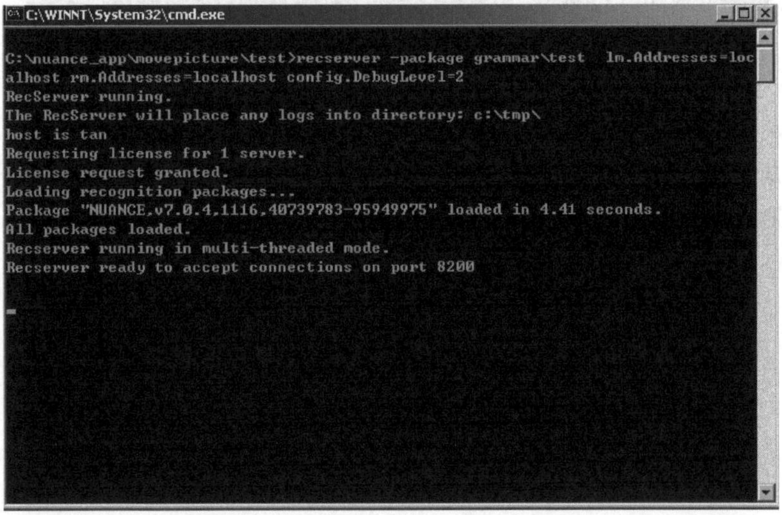

图 3-14　AutoServ. bat 文件的运行情况

(3) Recclient. bat 文件

启动 Nuance 系统识别客户端，并进行端口的参数初始化。对于中文普通话语音识别应用程序，系统打开 9200 端口，在文件中应该设置编写为

```
recclient lm. Addresses = localhost(设置本地 Nuance 语音识别服务器)
config. ServerHostname = localhost(设置本地客户服务端)
client. TTSAddresses = localhost(配置本地客户服务器)
config. RecClientPort = 9200 (设置系统客户端在 9200 端口打开)
pause
```

Recclient. bat 文件的运行情况如图 3-15 所示。

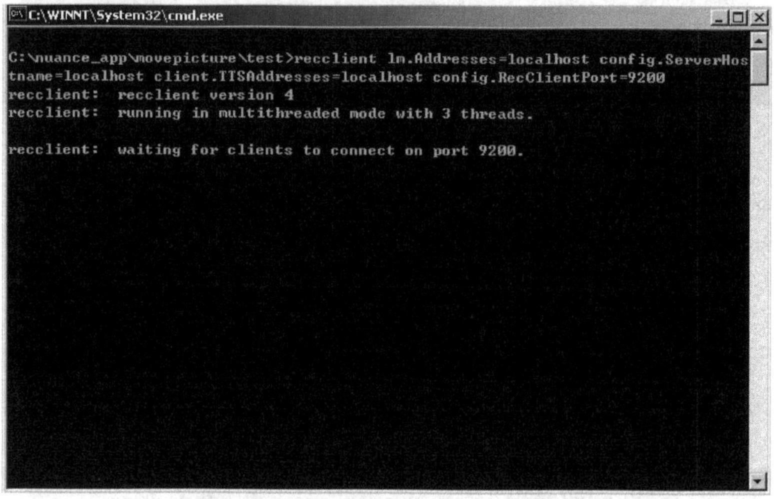

图 3-15 Recclient. bat 文件的运行情况

(4) AutoApp. bat 文件

启动基于 Nuance 语音识别系统的应用程序，并进行程序的硬件运行参数初始化。对于中文普通话语音识别应用程序，在文件中应该设置编写为

```
rsc\debug\ ** -package grammar\ ** ( ** 是应用程序的名字)
config. DebugLevel = 2
config. ServerPort = 8200(设置本地 Nuance 服务器在 8200 端口打开)
-prompt _ path
c:\ ** \prompts( ** 为应用程序文件夹)
lm. Addresses = localhost(设置本地 Nuance 客户服务器)
config. RecClientPort = 9200(设置系统客户端 9200 端口)
audio. Provider = dialogic(设置由 Dialogic 卡提供语音录入输出服务)
audio. Device = 1(语音设备数量 1 个)
audio. dialogic. UsePBX = FALSE(不使用 PBX)
```

client. AllowBargeIn = TRUE(允许客户 BargeIn 功能)

fe. EnableNoiseReduction = TRUE(允许噪声环境)

ep. PrepareForBargeIn = TRUE(开启 BargeIn 功能)

config. RecClientHostname = localhost(设置本地录音客户服务端)

client. TTSAddresses = localhost(设置本地 TTS 客户服务器)

audio. dialogic. GTD0 = SFC:449:26:61:45:232:200:3:HANGUP(设置 Dialogic 卡语音服务音频参数)

-log _ dir

c:\ ** _ train _ log\log(由系统自动生成的系统训练记录文件夹,下同)

ep. WriteWaveforms = TRUE(设置 Wave 波形文件格式可写)

ep. WriteWaveformsPath = c:\ ** _ train _ log\log(设置训练比对路径)

pause

AutoApp. bat 文件的运行情况如图 3-16 所示。

图 3-16　AutoApp. bat 文件的运行情况

4. 语音输出文件夹

在所建立的文件夹中建立 Prompts 文件夹，将系统要用到的静态提示音，制成 8K 八位的 wav 波形文件存放，以便系统的调用和输出。这样，在系统运行时，就会有人性化的系统提示音输出了。如果系统使用的是动态语音合成，即访问数据库后，由 TTS 功能软件直接合成语音输出，就不用设置语音输出文件夹了，直接在程序代码行设置访问路径就可以了。

3.5 语音识别工具包 HTK/ATK

3.5.1 HTK 简介

HTK(HMM tools kit)是剑桥大学开发的一个专门用于建立和处理 HMM 的实验工具包，主要应用于语音识别领域，也可以应用于语音合成、字符识别和 DNA 排序等领域。HTK 经过剑桥大学、Entropic 公司及 Microsoft 公司的不断增强和改进，使其在语音识别领域处于世界领先水平。另外，HTK 还是一套源代码开放的工具箱，其基于 ANSI C 的模块化设计方式可以方便地嵌入到用户系统中。HTK 的下载地址是 http://htk.eng.cam.ac.uk/，下载包解压缩以后，有 6 个文件夹和 4 个文件，分别说明如下：

HTK
- evn：不同编译环境下变量设置
- HLMLib: HMM语言模型库
- HLMTools: HMM预演模型工具
- HTKBook: 开发文档
- HTKLib: 大部分HTK声学层库文件
- HTKTools:声学层开发工具

1. HTK 的系统结构

HTK 的系统结构如图 3-17 所示。

2. HTK 原理

HTK 工具箱是使用 HMM 模型作为语音识别核心的。当 HMM 应用于孤立词语音识别时，它用不同的隐含状态转移来描述不同的语音发音。对于连续语音识别系统，多个孤立词 HMM 子模型按一定的语言模型组成的复合 HMM 模型序列来刻画连续的语音信号，在序列中的每个模型直接对应于相关的发音。并且，每一个模型都有进入和退出状态，这两个状态没有对应的观察矢量，只用于不同模型的连接。

在孤立词语音识别中，对于训练数据，需要为每一个发音单元提供边界信息，常使用手工标注的方法实现。这种方法对于少量的训练数据还可以，对于大量训练数据是不可行的，需要的工作量太大，而且手工标注有时并不是很准确，这会直接

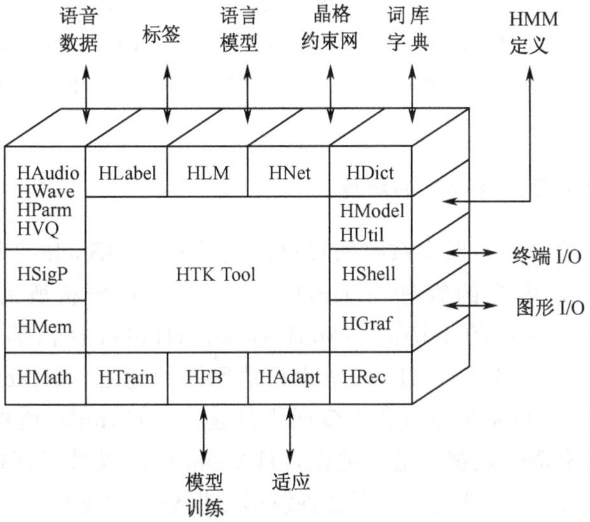

图 3-17　HTK 的系统结构

影响系统的识别率。但是，对于大量词汇、连续语音识别系统来讲，大量的训练数据是必需的，所以，一般情况下，在连续语音识别的模型训练中，发音单元的边界信息是不需要的，只需要包含相应的发音序列的描述文件。在 HTK 中使用 MLF 格式的文件来描述发音序列。训练方法也必须使用嵌入式训练算法，这种算法把样本中前一个模型的退出状态和后一个模型的进入状态按照某种方式连接起来，这样，每一个训练样本就成为了一个组合的 HMM，在训练时，同时对样本中所有模型的参数进行调整。

3. HTKLib 和 HTKTools

对于 HTK，语言层模型基本不会用到。而比较重要的两个文件夹是 HTKLib和HTKTools。HTKLib 里面包含了语音信号处理所用到的资源文件，如内存的分配（HMem），信号处理（HSigP），参数产生（HParm），数学计算（HMath）等。这些模块构成了 HTK 的主体结构。HTKTools 则是利用上面文件夹里面的库文件，链接生成一些可执行程序。例如，在 HTKLib 里面，HSigp. c 完成了预加重、信号加窗、FFT 等方面的算法，从语音信号处理方面来讲，它提供了 LPCC，MFCC，PLP 的计算细节。但是，HTKLib 提供的只是上述计算的一些子程序，具体把上述子程序串起来，生成所提到的参数则是 HParm 的内容。还有其他一些库文件：HRec 实现识别功能，HAdapt 实现说话人自适应，HWave 提供跟不同语音格式文件的接口等。而上面提到的 HSigp 和 HParm 只是库文件，如果没有其他文件调用，它们永远不可能自己运行。

HTKTools就是一些入口程序，通过这些程序对源文件的调用，从而形成不同功能的可操作平台。例如，HCopy 可以实现对输入的 wav 文件生成它所对应的信号参数序列等。另外还有一些其他的工具，如 HERest 用来训练模型，HVite 用来识别。

4. HTK 的主要函数模块的功能

用户的输入输出和与操作系统的接口由函数模块 HShell 控制，图形用户界面由 HGraf 提供，内存的管理由 HSelTl 负责，语音分析所需的处理操作由 HSigP 提供，数学函数的支持由 HMath 提供，HLabel 提供标签文件的接口，HLM 负责语言模型的建立，HNet 负责语法网络的建立，HDict 负责建立词汇的发音词典，HVQ 负责矢量量化 VQ 码本的建立，HModel 负责 HMM 的定义和建立。针对所有语音数据的输入输出，HAudio 模块提供了直接音频输入（从声卡）的支持，HWave 模块提供了各种波形数据格式的支持，HParm 提供了几种特征参数文件的格式支持。HUtil 提供了许多有关 HMM 的应用例程，HTrain 和 HFB 提供了对多种 HTK 训练工具的支持，HAdapt 为多种 HTK 的自适应工具提供了支持，HRec 包含了 HTK 中主要的识别处理函数。

5. HTK 的使用方法

一般分为四步：数据准备、模型训练、模式识别、模型分析，如图 3-18 所示。

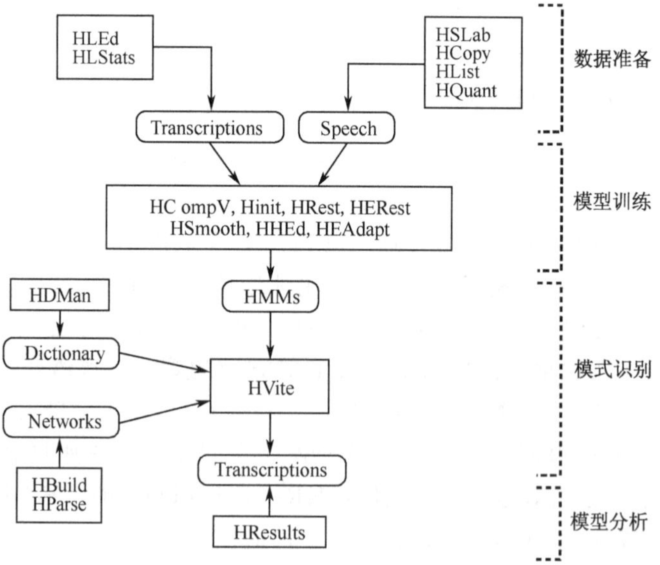

图 3-18 HTK 的使用方法

3.5.2 ATK 简介

ATK 是一组快速开发基于 HTK 程序的 API 函数，它由 C++编写，位于标准 HTK 库函数的上层，它允许开发者使用自定义版本的 HTK 和 ATK 并在程序上测试。它和 HTK 一样都支持 Linux 和 Windows 控制台程序和 MFC 程序。ATK 支持多线程，它允许各种各样的组件一同连接去执行不同的框架和应用程序。效率和优先权相关，一种管道结构被设计来保证高效的反应系统。使用 HTK 模型，AKT 还额外地支持基本的英语语音合成（需嵌入 CMU Flite 文件包）。ATK 对于建立对话系统和相关程序具有灵活的编程开发环境，使用 ATK 需要相当的 C++编程能力和 Linux 或者 Windows 编程经验以及了解语音识别技术，ATK 的下载网址是 http://htk.eng.cam.ac.uk/ftp/ATK/atk160.tgz。

1. ATK 的层次结构

ATK 库层次结构如图 3-19 所示。

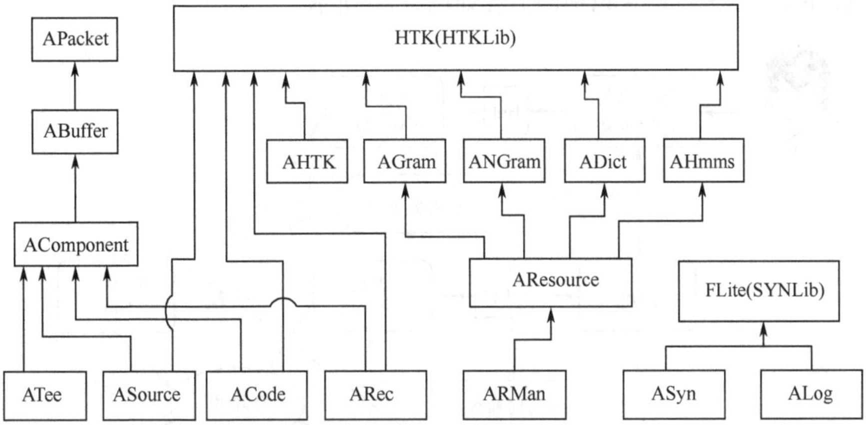

图 3-19　ATK 的层次结构

2. ATK 主要函数功能

ATK 的层次结构中，库模块 AHTK，AGram，ANGram，ADict 和 AHmms 包围在基本 HTK 资源（grammars，n-grams，dictionaries 和 acoustic models）周围。这些模块由模块 ARMan 和 AResource 管理。模块 APacket，ABuffer 和 AComponent 提供了创建组件的基本方式。

APacket：是信息包。它用来传递不同执行组件之间的大量信息，特殊的信息包用来传递使用者的输入输出信号（如语音、鼠标的点击等）。在这种情况下，每个信息包都有时间标记来定义它关联的临时资源。信息包所能携带的数据类型包括字符串、波形、具有编码特征的向量、文字标签和语义标签。

ABuffer：是 FIFO 队列。缓冲块提供了从一个组件到另一个组件传递信息包的通道。缓冲块可以是混合大小或非限制性大小。

AComponent：是一个处理的元件。每一个组件执行各自独立的线程。组件通过传递信息包给缓冲块通信。在工作过程中，组件有相应的命令接口来更新控制参数，从而改变运行过程中组件的行为。

ASource，ACode 和 ARec 提供了 3 个必须的核心组件来建立语音识别器。ATK 通过 ASyn 也提供了简单的接口 FLite 和简单地用组件 ALog 来记录数据日志。建立 ATK 应用程序包括初始化所需的资源和组件，并将他们连接起来然后提供程序级的代码来控制组件和处理输入与输出的信息包。和 HTK 一样，所有的 ATK 模块可以在配置文件中设置变量。

3. ATK 语音识别流程

使用 ATK 进行语音识别的流程如图 3-20 所示。

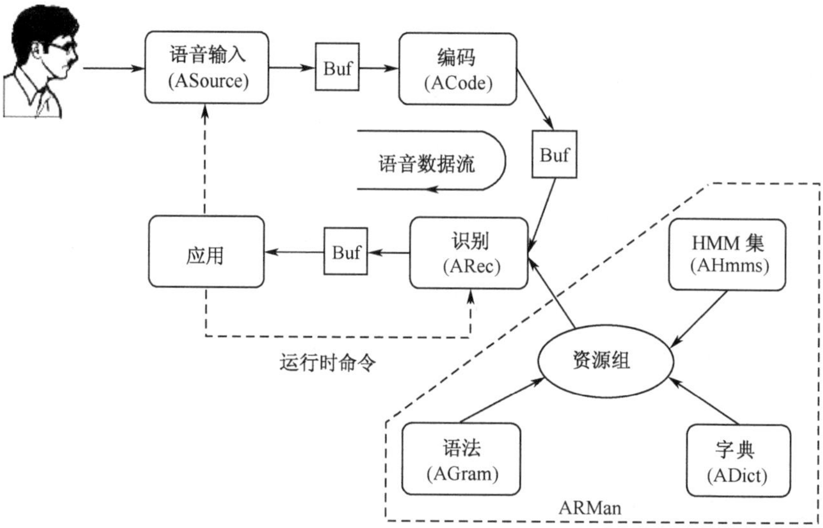

图 3-20　ATK 语音识别流程

第 4 章　语音识别与 CTI

4.1　引　　言

CTI 技术是指计算机和通信集成（computer telecommunication integration）。前期是指计算机和电话集成（computer telephone integration），它使语音和数据融为一体，并在终端（计算机和电话机）上得以实现，这是 CTI 技术最早的应用。但是后来，随着电信技术和计算机技术的发展以及两者的相互融合，在计算机领域中引入了电信技术，在电信设备中也增加了计算机技术的应用，这就诞生了 CTI 这个横跨电信和计算机两大领域的新技术[26]。

CTI 是一个覆盖面很广的术语，范围包括计算机电话、语音处理、传真处理、视像会议和呼叫控制。其他方面包括 IP 电话、呼叫中心、文本转语音（TTS）、语音识别（ASR）、语音消息、预拨号器和基于 Web 的呼叫。此外还有交互式语音应答（IVR）、自动总机、PBXs、智能呼叫路由安排、智能网络、统一消息（UM）、联系管理器、基于 LAN 的传真和用于设计 CTI 应用系统的应用生成器。基本上，任何产品，集成任一种电话技术到计算机中，就可以归类为 CTI。

CTI 将通信与计算机有机地结合在一起。由于它可以使用户简单方便地获取信息，从而改善了对客户的服务质量，增强了竞争力，减少了管理开支，而且它可以全天 24 小时为客户提供礼貌和周到的服务，因而受到人们的普遍欢迎。

CTI 技术的综合性强，几乎与现代各种通信系统和技术有关。传统的 CTI 产品开发方法是采取一对一的方法，即有什么需求就单为这一需求进行研究与开发。然而从功能上看，不同的 CTI 系统有着很多相同的地方，只有少部分是不同的。这一发现使人们想到，可否做出一个 CTI 通用的开发平台，把这些基本功能都包含在内呢？如果可以，人们就可以组合不同模块，在短时间内尽快地完成一个新的 CTI 系统的开发。这一研究被视为 CTI 技术发展的一个重要阶段，它的突破和完善将会加速 CTI 技术的发展。

CTI 技术可以把电话的通信功能和计算机的数据处理、控制功能融合在一起，实现通信的增值服务，从而满足不同用户的需求。目前，国外 CTI 技术的主要应用包括交互式语音应答、呼叫中心、统一消息处理、小型办公等。其应用领域涉及办公自动化、商业、服务行业的产品推销和用户咨询服务、电话声讯服务、电话银行等。采用CTI技术的交互式语音应答系统不但可以在电话呼叫接通后提示主叫方以按键的形式进行通信，而且还可以接受包括语音输入在内的其他形式的信息输入。交互式语音应答系统可以大大节省时间并解放劳动力。CTI技术从它一诞生开始，就随着电信和计算机技术的发展而不断发展。如今，它已经演变成了不仅仅是计算机和电话的综合，而且还支持传真、Internet、视频、语音邮件等多媒体的形式，从而成为了计算机与电信的融合。

本章主要对CTI中的语音合成、文语转换、呼叫中心和交互式语音应答等关键技术进行讨论。

4.2 语音合成技术

语音合成是CTI中的一个重要应用方面，而文语转换（text to speech，TTS）是目前语音合成系统的重要使能技术。从语音系统的历史看，语音合成经历了两个发展过程。最初的语音应用，大部分是通过录音的方式实现的，合成的词语仅限于特定的短语，把这些短语录音拼接成大的录音文件，就可以把数据库有关的内容播放给用户。这是比较原始的方式，从严格意义上讲，还不能称之为真正的语音合成。在电话语音发展的初期，该方式起到了唯一可行的作用，即使在现在，这种方式由于发音准确仍在广泛使用。现在的合成方法是基于声音合成技术的一种声音产生技术。文语转换是语音合成技术的延伸，它能够把计算机内的文本转换成连续自然的语音流。语音合成技术经历了一个逐步发展的过程，从参数合成到拼接合成，再到两者的逐步结合。

目前，常用的语音合成技术主要有：共振峰合成、LPC合成、PSOLA拼接合成和LMA声道模型技术，它们各有优缺点[27]。人们在应用过程中往往将多种技术有机结合在一起，或将一种技术的优点运用到另一种技术上，以克服不足。

4.2.1 语音合成技术原理

1. 共振峰合成

语音合成的理论基础是语音生成的数学模型。该模型的语音生成过程是在激励信号的激励下，声波经谐振腔（声道），由嘴或鼻辐射声波，如图4-1所示。

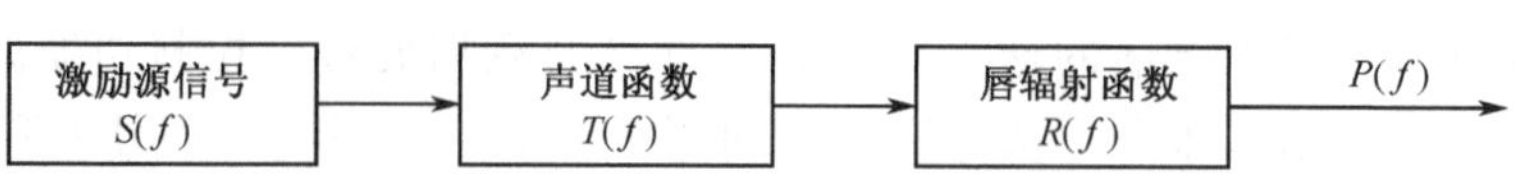

图4-1 语音产生的激励源-滤波器模型

因此，声道参数、声道谐振特征一直是研究的重点。共振峰合成是目前比较成熟的参数合成方法。当参数设置合理时，共振峰合成器能以较低的代价产生具有高可懂度的合成语音。习惯上把声道传输频率响应上的极点称之为共振峰，而语音的共振峰频率（极点频率）的分布特性决定该语音的音色。

音色各异的语音具有不同的共振峰模式，因此，以每个共振峰的频率及其带宽作为参数，可以构成共振峰滤波器。再用若干个这种滤波器的组合来模拟声道的传输特性（频率响应），对激励源发出的信号进行调试，再经过辐射模型就可以得到合成语音。这就是共振峰合成的基本原理[28]。

基于共振峰合成的模型有串联型、并联型及混合型。在串联模型中，各个谐振器之间是串联的关系，其传递函数为各个共振峰的传递函数相乘的结果，如图 4-2 所示。

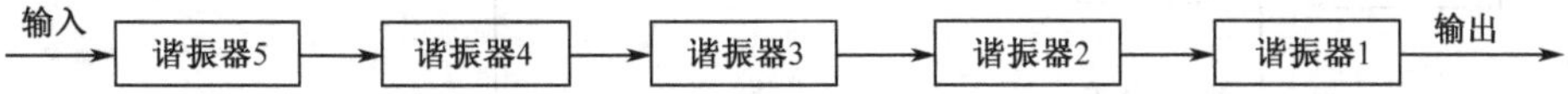

图 4-2　共振峰的串联模型

这种模型适用于元音的合成。此时，激励源位于喉部，串联模型反映了声道谐振的真实情况，各个共振峰的声道函数相乘的结果即为声道传递函数。串联模型的优点是控制简单。在乘积中，每个共振峰的幅度刚好合适，不用单独控制共振峰幅度。

然而，在摩擦音与爆破音的情况下，激励源位于口腔内部，此时声道长度大大缩短，同时由于口腔气流向喉部的反射作用导致声道传递函数中存在零点，因此不满足串联模型。在这种情况下，只能用并联模型来模拟，如图 4-3 所示。

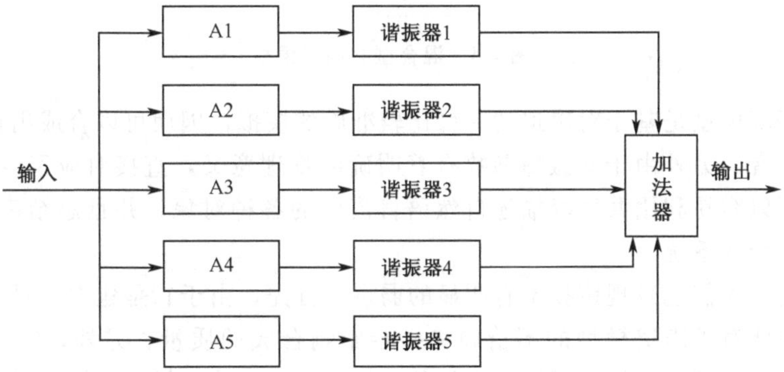

图 4-3　共振峰的并联模型

并联模型中可以通过分别调节每个共振峰的幅度来得到恰当的声道传递函数的形状。并联模型也可以通过调整每个共振峰幅度的方式模拟串联模型的输出，因此也可以用于元音的合成。尤其是使用较少的共振峰合成时（如只有前两个共振峰），必须使用并联模型。

在串联模型共振峰合成中，共振峰滤波器首尾相接。而在并联模型中，输入信号先分别通过幅度调节再加到每一个共振峰滤波器上，然后将各路的输出叠加起来。将两者比较可知，对于合成声源位于声道末端的语音（大多数元音），串联模型合乎语音产生的声学理论，并且无需为每一个滤波器分设幅度调节；而对于合成声源位于声道中间的语音（大多数清擦音和塞音），并联模型则比较合适，但是其幅度调节比较复杂。基于这种考虑，人们将两者结合在一起，提出了共振峰的混合模型，如图 4-4 所示。

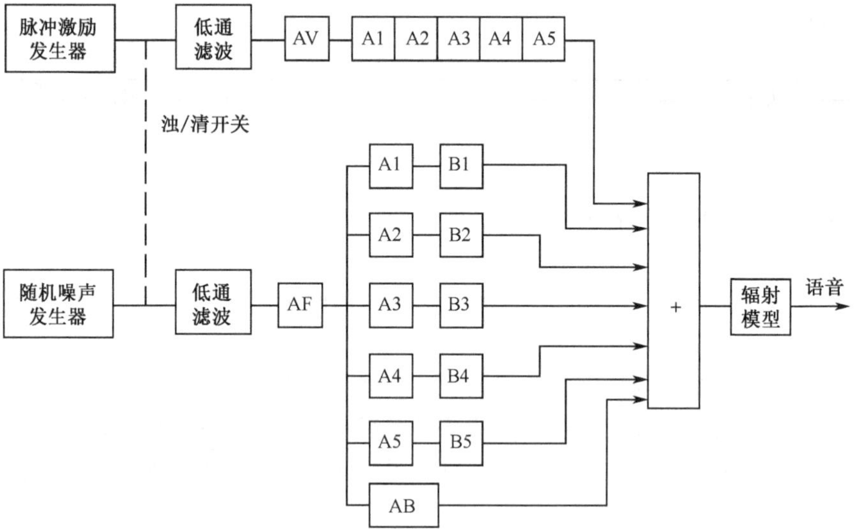

图 4-4　混合型共振峰模型

共振峰模型是基于对声道的一种比较准确的模拟，因而可以合成出自然度比较高的语音，另外由于共振峰参数有着明确的物理意义，直接对应于声道参数，因此，可以容易利用共振峰描述自然语言流中的各种对象，并且总结声学规律，最终用于合成系统。

但是，人们也发现该技术有明显的弱点。首先，由于它是建立在对声道的模拟上，因此对于声道模型的不精确势必会影响合成的质量。另外，实际工作表明，共振峰模型虽然描述了语音中最基本最主要的部分，但并不能表征影响语音自然度的其他许多细微的语音成分，从而影响了合成语音的自然度。另外，共振峰合成器控制比较复杂，对于一个好的合成器来说，其控制参数往往达到几十个，实现起来比较困难。基于这些原因，人们继续寻求和发现其他的新合成技术。人们从波形的直接录制和播放得到启发，提出了基于波形拼接的合成技术。

2. 波形拼接合成

波形拼接合成是当今语音合成的重要方法，能够产生高清晰度及高自然度的合成语音。波形拼接合成系统一般包含一个大规模的语音库，其中包含的合成基元来自自然语音。在合成时，需要根据文本及韵律分析的结果，从语音库中选取合适的基元，进行适当的修改后，由波形拼接的方式产生合成语音[29]。

波形拼接技术的发展与语音编码、解码技术的发展密不可分，其中，线性预测编码（LPC）技术的发展对波形拼接技术产生了巨大的影响。LPC 合成技术本质上是一种时间波形的编码技术，目的是为了降低时间域信号的传输速率。LPC 合成技术的优点是简单直观。其合成过程实质上只是一种简单的解码和拼接过程。另外，由于波形拼接技术的合成基元是语音的波形数据，保存了全部信息，因而对于单个合成基元来说能够达到很高的自然度。

但是，由于自然语流中的语音和孤立状况下的语音有着极大的区别，如果只是把各个孤立的语音生硬的拼接在一起，其整个语流的质量势必是不太理想的。而 LPC 技术从本质上来说只是一种录音和放音，对于合成整个连续语流 LPC 合成技术的效果是不理想的。因此，LPC 合成技术必须和其他技术相结合，才能改善合成质量。图 4-5 是一种基于单音节和矢量量化的 LPC（VQLPC）技术的文语转换系统原理图。

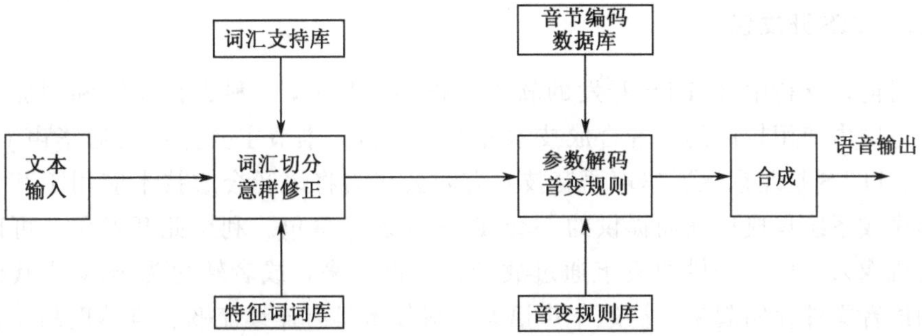

图 4-5　基于单音节和 VQLPC 技术的文语转换系统原理图

20 世纪 80 年代末提出了基音同步叠加（PSOLA 合成）技术，给波形拼接合成技术注入了新的活力。PSOLA 合成技术着眼于对语音信号超时段特征的控制，如基频、时长、音强等的控制。而这些参数对于语音的韵律控制以及修改是至关重要的。因此，PSOLA 技术比 LPC 技术具有可修改性更强的优点，可以合成出高自然度的语音。

PSOLA 合成方法根据分析域的不同可分为时域上的 TD-PSOLA 算法和频

域上的 FD-PSOLA 算法。TD-PSOLA 算法可用于修改基频、时长等韵律特征，优点是复杂度小，速度快，但会引入一定频谱上的误差。另外，TD-PSOLA 不能修改共振峰等频谱特性。FD-PSOLA 算法恰好相反，它可以通过修改短时语音的离散傅里叶谱达到修改韵律特征及其他谱特性的目的，但算法复杂，计算量大。

PSOLA 技术的主要特点是：在拼接语音波形片段之前，首先根据上下文的要求，用 PSOLA 算法对拼接单元的韵律特征进行调整，使合成波形既保持了原始发音的主要音段特征，又能使拼接单元的韵律特征符合上下文要求，从而获得很高的清晰度和自然度。

但是，PSOLA 技术也有缺点。首先，PSOLA 技术是一种基音同步的语音分析合成技术，需要准确的基音周期以及对起始点的判定。基音周期或起始点的判定误差将会影响 PSOLA 技术的效果。其次，PSOLA 技术是一种简单的波形映射拼接合成，这种拼接是否能够保持平稳过渡以及它对频域参数有什么影响等并没有得到解决，因此在合成时会产生不理想的效果。

目前，主要的语音合成技术是共振峰合成技术和基于 PSOLA 算法的波形拼接合成技术。这两种技术各有所长，共振峰技术比较成熟，有大量的研究成果可以利用。而 PSOLA 技术则是比较新的技术，具有良好的发展前景。过去这两种技术基本上是互相独立发展的，现在许多学者开始研究它们两者之间的关系，试图将两者有效的结合起来，从而合成出更加自然的语流。

4.2.2 TTS 开发包

目前，支持中文 TTS 开发的软件包很多，其中，“科大讯飞”和“捷通华声”是国内使用较广的语音合成技术开发工具包，本节主要介绍捷通华声 jTTS SDK。jTTS 是北京捷通华声语音技术有限公司为将语音合成技术应用于其他应用程序或系统集成厂商而提供的一套 TTS 开发工具包。利用此开发包，可以使计算机像人一样将提供的文字通过放音设备读出来，或者转化为 wav 或其他格式的语音文件存储起来。捷通华声语音合成技术具有连续流畅、自然度高、音库大小可调节、音色可转换的特点，并且支持中英文的混读，使 TTS 可以更加广泛地应用于现代文本的阅读[30]。

在开发语音应答系统时，将用到 jTTS SDK 中的一些接口函数进行文语转换，下面就来介绍这些函数。

(1) ERRCODE jTTSSetSerialNo(const char * pcszSerialNo)

功能：在初始化之前调用，设置开发序列号。在调用 jTTSInit 初始化之前，必须使用此函数设置开发序列号。

参数：const char * pcszSerialNo　字符串类型的开发序列号。

(2) ERRCODE jTTSInit(const char * pcszLibPath)

功能：初始化 jTTS 核心，读取音库。

参数：const char * pcszLibPath 初始化字符串。

(3) ERRCODE jTTSPlay(const char * pcszText)

功能：利用放音设备阅读指定的文本。

参数：const char * pcszText 指向待阅读的文本缓冲区的指针。

(4) ERRCODE jTTSStop()

功能：如果当前处于阅读状态或者暂停状态，将中止当前的阅读。如果当前并非处于上述状态，则不做任何操作。

参数：无。

(5) ERRCODE jTTSPause()

功能：如果当前处于阅读状态，将暂停阅读。如果当前已经处于暂停状态或者不是在阅读状态，将不做任何操作。

参数：无。

(6) ERRCODE jTTSPlayToFileEx(const char * pcszText,const char * pcszFileName,UINT nFormat,JTTSCONFIG2 *pConfig,DWORD dwFlag,JTTSCALLBACKPROCEX lpfnCallbackEx,DWORD dwUserData)

功能：对文本串进行语音合成，合成结果放入指定格式的语音文件中。

参数：const char * pcszText 指向待合成的文本缓冲区的指针。

const char * pcszFileName 指定的语音文件名。

UINT nFormat 指定的语音文件格式。

(7) ERRCODE jTTSSetParam(JTTSPARAM nParam, DWORD dwValue)

功能：设置要阅读文本的所用的某种参数。

参数：JTTSPARAM nParam 设置要阅读文本的所用的某种参数。

通过对以上函数的调用，就可以将输入的文字合成语音文件，并且存储在用户所建立的呼叫流程的目录下。具体编程方法见下一节的内容。

4.3 呼叫中心

4.3.1 呼叫中心现状与分析

呼叫中心 (call center) 是 CTI 应用的另一个重要分支，呼叫中心系统是基于先进的 CTI 技术，以电话接入为主的呼叫响应中心，为客户提供各种电话响应服务。客户通过呼叫中心，利用各种电子终端，如电话、手机、呼机、计算机终端、传真机、多媒体查询机等，即可不受时间和空间的限制，享受身临其境的服务。最新的呼叫中心是以 CTI 技术为核心的第四代呼叫中心，它能够使电话用户通过电话机终端访问计算机存储的信息，就像使用键盘和屏幕终端一样方便[31]。

早期的呼叫中心，主要是起咨询服务的作用。开始是把一些用户的呼叫转接到应答台或专家。随着转接的呼叫和应答的增多，开始建立起交互式的语音应答系统，这种系统可以把大部分常见的应答交给机器应答和处理。呼叫中心是一些公司企业为用户服务而设立的。早在 20 世纪 80 年代，欧美等地的电信企业、航空公司、商业银行等为了密切与用户的联系，应用计算机的支持，利用电话作为与用户交互联系的媒体，设立了呼叫中心，也可叫做电话中心，实际上就是为用户服务的服务中心。它是一种新的基于 CTI 技术的服务方式，利用现有的各种先进的通信手段，有效地为客户提供高质量、高效率、全方位的服务。呼叫中心目前已引起越来越多的人的关注，正迅速发展成为全球商业与服务业竞争的焦点。呼叫中心的工作方式很多，既有为大企业服务的集中式呼叫中心，也有为中小企业服务的分布式的、专业的呼叫中心。一般的呼叫中心由 6 部分组成，即程控交换机（PBX）、自动呼叫分配器（auto calling distribution，ACD）、交互式语音应答（IVR）、计算机语音集成（CTI）服务器、人工坐席代表和原有系统主机。

呼叫中心部分还包括呼入和呼出的处理，预测和预览拨号，自动话务员，基于网络/屏幕的呼叫路选，桌面路选，单号呼叫/追身号码，基于视频、语音和文本的会议以及协作计算等。

现在的呼叫中心是直接通过普通的电话线，将用户打入的电话接入到计算机系统中，这就需要通过语音板卡，对接入的用户电话语音及信令进行控制处理。在呼叫中心中提供计算机与电话的智能黏合剂是计算机和电话集成（CTI），如 Dialogic 的 CT Connect，TSAP，第三方 TAPI 应用和主机系统。提供主机系统呼叫中心解决方案的公司有 Genesys，IBM，Lucent，Oracle，Quintus 和 Siebel 等。

现代的呼叫中心，应用了 CTI 技术，使服务功能大大增强。CTI 技术是以电话语音为媒介，用户可以通过电话机上的按钮来操作呼叫中心的计算机。接入呼叫中心的方式可以是用户电话拨号接入、传真接入等。用户接入呼叫中心后，就能收到呼叫中心任务提示音，按照呼叫中心的语音提示，就能接入数据库，获得所需的信息服务，并且进行存储、转发、查询、交换处理，还可以通过呼叫中心完成交易。

典型的呼叫中心包含呼叫处理，智能路由，自动语音，呼叫与数据集成，网络和数据库，文本转化语音等多种复杂技术。在实现中有两种典型的呼叫中心解决方案：基于 ACD 的呼叫中心，基于微机和语音板卡的呼叫中心。这两种不同方案的根本分歧点在于 CTI 技术的实现和发展历程。

提供 ACD 方案的厂商是传统的生产程控交换机的厂商。20 世纪 80 年代以来，交换机厂商采取了以下发展策略：在增强路由能力的基础上开放交换机的控制接口，标准的软硬件格式提供 CTI-Link 标准，集成成熟的语音产品作为语音服务平台。因此，ACD 方案走的是一条基于 CTI-Link 标准、专业通信和计算机厂家利用各自优势分工合作的道路。

与此同时，微机平台上的语音板卡以很快的速度发展起来了。由于微机的价格优势和微机平台软件开发人员的数量优势，在不到十年的时间里，语音板卡发展了语音、传真、信令、总线等全系列的产品，并形成了几个语音总线标准。在一些需求巨大的自动语音市场完成了一些成功的应用。比较有代表性的语音板卡是 Intel 公司的 Dialogic 系列板卡，可以说是开创了 CTI 技术的先河。电话语音卡是以 PC 为基础的语音处理系统的重要组成部分。语音卡，也称为语音板卡，是 PC 兼容机的扩展卡，能够实现语音处理功能，电话语音卡是 CTI 技术的核心硬件，开放式电信平台的概念也是从电话语音卡开始的。现在，已经有很多种产品可供选择。

在新的市场营销观念中，必须以顾客的需要为着眼点。这样，构建呼叫中心，倡导客户关系管理，建立客户与企业全方面的沟通渠道，就成为企业的当务之急，这是因为客户正成为企业最重要的资源。呼叫中心作为企业面向用户提供服务的重要窗口，其处理的话务特点与普通的电话有很大的不同。首先，话务量的波动很大，由于服务的特殊性，系统经常会在一些敏感时刻骤然产生呼叫高峰，这样会对接入设备产生巨大的冲击，称为浪涌式呼叫。但越是在此刻，用户越急需获得服务，所以呼叫中心必须给予充分的满足，这就需要接入设备具有很强的处理能力；其次，从网络地位上说，呼叫中心处于市话端局的地位，其话务呈现一种单向分布的特征，在某一时刻，或者是用户呼入系统的话务量很高，或者是系统发起的呼出话务量很高，这样就要求接入设备对信令具有良好的适应性。

目前呼叫中心主要有两大类型：专用电话交换机连接的呼叫中心和局用交换机连接的呼叫中心。前者一般用于有电话交换机的公司、工厂、企业，后者一般用于电信局和大的电信企业。

有人形象地将呼叫中心称为“客户关照中心”，因为今天的呼叫中心已不是电子营销时代的后台工作室，它不仅仅是一种单一的技术解决方案，而是已成为应用广泛的有力的市场竞争武器，可以帮助企业获得更多的赢利。在美国，呼叫中心已形成了 44 亿美元的产业，而且以每年 20% 的速度增长。在呼叫中心的建设中，除设备投资外，诸如坐席场地等基础设施的建设费用也占了较大的比例。

我们可以先对整个服务体系进行科学的规划，合理安排坐席的分布，达到充分利用资源设施的目的。

呼叫中心提供丰富的接入方式和服务方式。客户服务在业务上要满足客户的需求，在接入上支持多手段的拨入和拨出联系方式，即系统提供的接入方式可以是 Web 方式，也可以是传真、电话、手机、计算机、电子邮件、语音/传真/电子邮箱、短消息、特殊终端等。也就是说，系统提供多种访问方式，使得用户足不出户就可以简单的通过自己已有的设备访问不同的信息，得到丰富的资料。通过呼叫中心多手段的接入方式，将使电子商务门户打开，从而接纳成千上万用户进入电子商务世界。

4.3.2 交互式语音应答 IVR 框架设计

通过上一节对呼叫中心的分析，我们找到了呼叫中心的一些共同点。考虑这些共同点，就可以对呼叫中心的核心系统——交互式语音应答系统（interactive voice response，IVR）进行设计。我们设计此系统的目的是搭建一个中小型呼叫中心的框架，通过此框架，使用者可以不必面对程序代码，在比较友好的界面上很方便地建立起适合不同企业的呼叫中心。此系统是基于 Dialogic 语音卡和捷通华声语音合成技术 jTTS，以 VC++6.0 为开发平台进行设计和开发的。系统主要由呼叫流程设计模块和呼叫流程运行模块两部分组成，在流程设计模块中又分为流程结构设计模块和流程内容设计模块，其结构如图 4-6 所示。

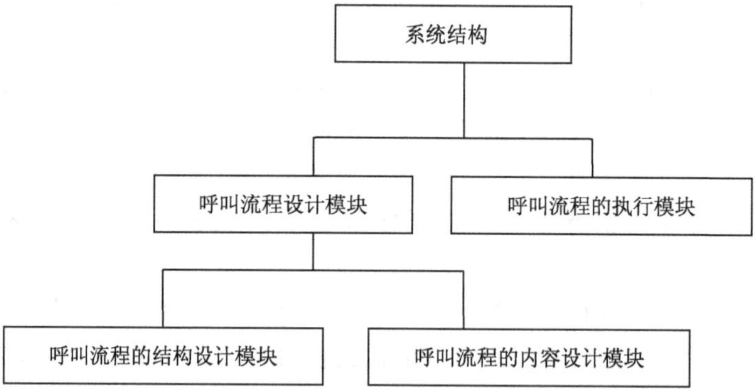

图 4-6 IVR 系统模块结构

一般呼叫流程都存在一种树形结构，为了使呼叫中心的创建人员能够很直观地见到这种结构形状，可以采用 VC++6.0 中的 Tree 控件，通过对此控件的编程，可以比较方便地对 IVR 框架进行设计[32]。我们设计的 IVR 框架界面如图 4-7所示。

图 4-7　IVR 框架的界面

在这个界面下，可以根据不同的呼叫流程设计出不同的结构，只需要在所选的节点上按删除或添加按钮，就可以在此节点下对节点进行删除和添加。通常节点名字是由数字和下划线组成。

4.3.3　IVR 框架的代码实现

在上节所示的 IVR 框架界面上，有几个按钮，分别是“新建项目”、“打开项目”、“保存项目”、“添加子节点”、“编辑子节点”、“删除子节点”，运用这些按钮就可以新建呼叫流程和对流程的结构进行编辑。下面来介绍一下这些功能是如何实现的。

1. “新建项目”按钮

我们可以把每一个呼叫流程看做一个项目。因此，要建立一个流程就相当于建立一个项目。利用此按钮可以在任意目录下建立一个呼叫流程，具体的程序代码如下：

```
BatName.Replace(".cc",".dat"); char szFilter[] = "cc Files (*.cc)|*.cc|";
  CFileDialog dlg(true, NULL, NULL,OFN_OVERWRITEPROMPT , szFilter);
  if(dlg.DoModal() == IDOK)
  {
    m_tree1.DeleteAllItems();
```

```
            hroot = m_tree1.InsertItem ("root", 0,0,TVI_ROOT,TVI_LAST );
            m_tree1.SetTextColor((COLORREF)0xFF0510);

            FilePath = dlg.GetPathName();
            Path = dlg.GetPathName();
            BatName = dlg.GetPathName();
            FileName = dlg.GetFileName();

            if(FileName.Right(3) != ".cc")
            {
               FileName += ".cc";
               FilePath += ".cc";
               BatName += ".dat";
               Path += ".cc";
            }
            else
               BatName.Replace(".cc",".dat");
            int Count1,Count2;
            Count1 = FilePath.GetLength();
            Count2 = FileName.GetLength();
            Path.Delete(Count1-Count2,Count2);
        CTreeDlg::OnButton3();
    }
```

当指定了路径和文件名后，建立的流程就被存储在指定的位置，并且文件扩展名为.cc。当点击这个按钮时会弹出图 4-8 所示的对话框。

图 4-8　文件路径输入窗口

将图 4-7 中的 Tree 控件实例化为 tree1，当图 4-8 的窗口显示的同时，对 tree1 执行如下代码：

```
m_tree1.DeleteAllItems();
hroot = m_tree1.InsertItem ("root", 0,0,TVI_ROOT,TVI_LAST );
m_tree1.SetTextColor((COLORREF)0xFF0510);
```

即清空 tree1 中的所有内容，然后在清空的 tree1 中写入字符串“root”，TVI_ROOT 表示树的最顶层的项目，是此项目的父亲，TVI_LAST 表示将新增的项目自动添加到列表的最后。最后将字体的颜色设置成蓝色。选择好路径，并在“文件名”这一栏中输入相应的文件名，然后点击“确定”按钮，就建立好了一个呼叫流程项目。

2. “打开项目”按钮

点击此按钮可以打开已经建立好的呼叫流程，然后对此呼叫流程进行编辑或者运行。必须指出的是，当运行呼叫流程或者修改呼叫流程的时候，都必须通过此按钮先将呼叫流程打开，然后才能进行相应的操作。利用 FILE 结构，调用 fopen 方法来完成打开项目的功能。当点击这个按钮后，也将弹出与图 4-8 相同的对话框。利用此对话框，可以选择电脑里面任意一个扩展名为 .cc 的文件，然后点击“打开”就可以在 tree1 中看到此呼叫中心的树形结构。关键的程序代码如下：

```
m_tree1.DeleteAllItems();
hroot = m_tree1.InsertItem ("root", 0,0,TVI_ROOT,TVI_LAST );
m_tree1.SetTextColor((COLORREF)0xFF0510);
::SetFocus(m_tree1);
CString strFileName = dlg.GetFileName();
const char *filenamep = strFileName.operator LPCTSTR ();
InitTree((char*)filenamep);
m_tree1.SetFocus();
m_tree1.SelectItem(hroot);

CFileFind fd;
CString s;
FILE *fp;
s = strFileName.Left(strFileName.GetLength () -3) + ".dat";

if(!fd.FindFile (s))
{
   if((fp = fopen(s,"w")) == NULL)
```

```
            {
               AfxMessageBox("error create file");
               return;

            }
            fclose(fp);
         }
      else
         {
            datafilename = s;
            CFile f;
            CFileException e;
      if(!f.Open(datafilename,CFile::modeWrite|CFile::modeRead,&e ))
               {
                  AfxMessageBox("无法打开文件,请先保存!");
                  f.Close();
                  return;
               }
      }
```

在打开项目之前，也要先对tree1控件做相应的操作，此操作和“新建项目”按钮中对tree1控件的操作一样，这里就不再重复。然后将CFileFind实例化为fd，将文件名赋给字符串s，当fd.FindFile（s）执行成功后，调用Cfile中的Open()方法，就可以将项目打开。

3.“保存项目”按钮

当编辑好呼叫中心的结构后，点击此按钮就可以将结构保存起来。要实现这个功能，实际上是将tree1控件中的内容储存起来。而tree1控件中的内容是图4-7中的树形结构，这些结构实际上是以字符串的形式存在的。因此只需要先获取树形结构，然后赋给一个字符串变量存储起来就可以实现此功能。获取树形结构就是获取节点的位置。当结构被保存后，将一个全局变量m_SaveFlag设置成false，此全局变量m_SaveFlag的作用是标记项目是否被保存。在Tree控件中，节点是由HTREEITEM句柄来标识的，代码如下：

```
HTREEITEM ht[_LAYER_],parent;
int count = 0;
CString s;
char * strfile;
hroot = m_tree1.GetRootItem();
```

```
    if(m_tree1.ItemHasChildren(hroot))
  {
     HTREEITEM h = m_tree1.GetChildItem(hroot);
  LABEL1:while (( s = m_tree1.GetItemText(h)) != "")
              {
                 parent = m_tree1.GetParentItem(h);
                 s = m_tree1.GetItemText(parent) + "#" + s + "#";
                 strfile = (char *) s.operator LPCTSTR();
                 fputs(strfile,fp);
                 fputc('\n',fp);

                 if(m_tree1.ItemHasChildren(h))
                 {
                    ht[count] = h;
                    count ++;
                    h = m_tree1.GetChildItem(h);
                 }
                 else
                 {
                    h = m_tree1.GetNextItem(h,1);
                    if(h == NULL)
                    {
  LABEL2:        count--;
                 h = ht[count];
                 HTREEITEM th;
                 th = h;
                 if((h = m_tree1.GetNextItem(th,1))! = NULL)
                      goto LABEL1;
                 else
              if((parent = m_tree1.GetParentItem(th)) != NULL)
                         goto LABEL2;
              }}}}
```

4. “添加子节点”按钮

利用此按钮，可以在已经存在的节点下面添加子节点。为了实现添加节点的功能，可以调用 Tree 控件中的 InsertItem()方法实现，具体的代码如下：

```
HTREEITEM htt = m_tree1.GetSelectedItem();
htt = m_tree1.InsertItem(Result ,0,0,htt,TVI_LAST);
```

```
m_tree1.SelectItem(htt);
```

其中，Result是节点的名字，下面将会说明。htt指明了子节点的父节点，TVI_LAST指明了只是将新建的子节点简单的加到所选的父节点的后面。

现在说明一下表示节点名字的参数Result。由于用户使用呼叫中心的工具是电话或者手机，受键盘数字的限制，在同一个父节点的下面最多只能够有9个子节点，如果超过9个节点，那么用户就无法选择第10个或10个以后的节点内容了。因此，在添加节点之前首先要判断在这个父节点下还能否添加子节点，若能够添加，我们就给新的节点命名。命名规则是将父节点的名字后面加上下划线，然后再加上此子节点的号码。例如，在1_2的父节点下加第3个子节点，则这个子节点的名字就是1_2_3。为了实现此功能，编辑Parse()函数。此函数有一个CString类的返回值，返回的CString变量就是节点的名字，然后我们将Parse()函数的返回值赋给CString变量Result，这样Result中的值就是所加节点的名字了。

从上面的说明可以看到，Parse()函数在实现添加子节点的功能中起到了很关键的作用。此函数的定义如下：

```
CString CTreeDlg::Parse()
{
   HTREEITEM htt = m_tree1.GetSelectedItem();
   CString name = m_tree1.GetItemText(htt);
   int Count = name.GetLength();
   int Count = 1;
   if(m_tree1.ItemHasChildren(htt))
   {
      htt = m_tree1.GetChildItem(htt);
   }
   else
   {
      if(name == "root")
          name = "1";
      else
      {
         name.Insert(Count,'_');
         name.Insert(++Count,'1');
      }
      return name;
   }
   int Number = 0;
```

```
    while(htt)
    {
        Number + + ;
        htt = m _ tree1. GetNextItem(htt,TVGN _ NEXT);
    }
    Number + + ;
    if(Number > 9)
        return "error";
    if(name == "root")
    {
        name. Format(" % d",Number);
        return name;
    }
    name. Insert(Count,'_');
    CString temp;
    temp. Format(" % d",Number);
    name. Insert( + + Count,temp);
    return name;
}
```

首先将所选的父节点的名字赋给字符串变量 name，如果父节点是根节点，则 name 是“root”，则此时子节点的名字应该是 1，则把 1 作为字符串赋给 name，若所选节点不是根节点，则在 name 后面加下划线，加字符串 1。我们还定义了一个整型数 Number，此参数用来标记在同一个父节点下所添加的子节点的个数。Number 参数在父节点添加了第一个子节点后定义，赋初值 0。然后利用一个循环检测所选父节点后面是否存在子接点，如果存在一个，Number 就自加 1。循环结束后，判断 Number 是否大于 9，如果比 9 大，则报错，否则就对 name 变量进行操作。如果所选的父节点是根节点，则将 name 重新初始化，然后把 Number 的值赋给 name，如果父节点不是根节点，则将 name 的后面加上下划线和 Number 的值。然后函数返回 name。进行上面相应的操作后，所添加的子节点的名字就被存储在 name 变量中，并成为 Parse()函数的返回值。然后利用如下程序：

```
CString Result = Parse();
if(Result == "error")
{
    MessageBox("您产生的节点超出范围!!");
    return;
}
```

就可以将节点的名字传给字符串 Result，然后再调用本节的 Parse()函数，就可以实现添加子节点的功能。

5. “编辑子节点”按钮

当设计好呼叫中心的结构后，就要对每一个节点的内容进行编辑。点击“编辑子节点”按钮就可以弹出如图 4-9 所示的节点编辑界面，在这个界面上可以对所选的节点进行内容编辑。由于“编辑子节点”按钮功能只是显示节点编辑界面，因此此按钮的代码不涉及节点内容的编辑。

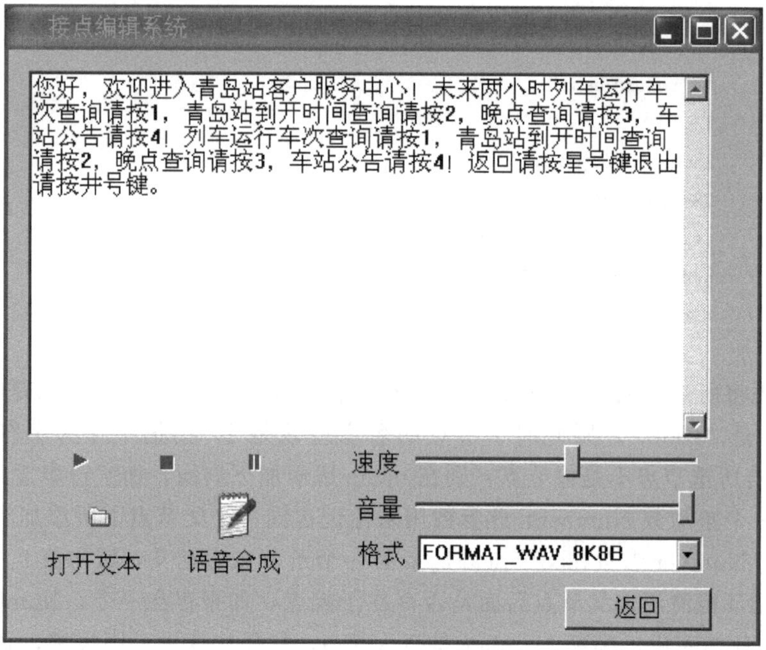

图 4-9 节点内容编辑界面

首先判断是否打开了一个项目，如果项目已经打开，并且对结构进行了一些修改，就判断项目是否被保存，如果没有保存，则先执行“保存项目”按钮的功能。代码如下：

```
if(FileName == "null")
    {
      MessageBox("请先新建或打开一个流程");
      return ;
    }
if(m_SaveFlag == true)
    {
```

```
        OnButton3();
    }
```

然后获得所选择的需要编辑的子节点。并将 CFile 实例化为 f，f 的长度如果为 0，则表示此节点中没有内容，如果不为 0，则将节点中的内容以字符串的形式赋给变量 context，然后关闭文件 f。代码如下：

```
flag = 1;
HTREEITEM ht = m_tree1.GetSelectedItem();
CFile f;
CFileException e;
if(!f.Open( BatName, CFile::modeRead , &e ) )
{
    AfxMessageBox("无法打开文件,请先保存");
    f.Close();
    return;
}
DWORD length = f.GetLength();
if(length == 0)
{
    context.Empty();
}
else
{
    char * pbuf = new(char[length]);
    DWORD nBytesRead = f.ReadHuge( pbuf,length );
    context = pbuf;
}
  f.Close();
```

最后，将图 4-9 中所显示的窗口类实例化为 dlg_edit 变量，将节点的文字内容 context，文件名 datafilename，节点的名字 m_tree1.GetItemText()和路径都相应地赋给 dlg_edit 中的成员变量 context，datafilename，m_filename 和 m_PathFile。当 dlg_edit 类获得这些信息后，调用 DoModal()方法，显示节点内容编辑界面。代码如下：

```
dlg_edit1 dlg_edit;
dlg_edit.context = context;
dlg_edit.datafilename = datafilename;
dlg_edit.m_filename = m_tree1.GetItemText(ht);
dlg_edit.m_PathFile = Path + m_tree1.GetItemText(ht);
```

```
dlg_edit.BatFile = BatName;
dlg_edit.DoModal();
```

在图 4-9 中编辑节点内容的方法将在下节介绍。

6. “删除子节点”按钮

在设计和修改呼叫流程时，不可避免地要对节点进行删除。“删除节点”按钮就可以实现此功能。选定某一个节点后，点击此按钮就可以将所选节点的所有子节点删除。我们调用了 tree 控件中的 DeleteItem()方法来实现这个功能。

程序执行后首先判断是否打开了一个流程，如果没有则提示先打开一个流程：

```
  if(FileName == "null")
{
   MessageBox("请先新建或打开一个项目");
   return ;
}
```

然后再判断所选的节点是否为根节点，如果为根节点则提示“根节点不能删除!”，程序如下：

```
if(m_tree1.GetSelectedItem() == m_tree1.GetRootItem())
      {
         AfxMessageBox("根节点不能删除!",NULL);
         return;
      }
```

最后程序将获得所选节点下的所有子节点，并调用 DeleteItem()方法将这些子节点删除，并将每个子节点所对应的 wav 文件也删除，程序如下：

```
HTREEITEM h = m_tree1.GetSelectedItem();
HTREEITEM child;
while(m_tree1.ItemHasChildren(h))
{
   child = m_tree1.GetChildItem(h);
   m_tree1.DeleteItem(child);
}
CString name = m_tree1.GetItemText(h);
::DeleteFile(name + ".wav");
      m_SaveFlag = true;
```

通过以上的程序，就可以实现删除节点的功能。

至此已经完成了 IVR 框架的代码设计，但并没有实现一个具体的呼叫流程。具体的呼叫流程需要用户根据自身的需要来建立。而不管是什么样的呼叫流程都是一种树形结构，因此在这个 IVR 的框架中通过对 MFC 中的 tree 控件操作来实现对呼叫流程结构的设计。这样就可以使呼叫中心的管理人员不需要面对程序代码，很形象地表现出呼叫流程的层次，通过“添加子节点”、“编辑子节点”、“删除子节点”这些按钮对呼叫流程结构进行操作，方便了呼叫中心的建立和维护。

4.3.4　IVR 内容编辑

现在来看一下呼叫中心的内容设计模块。通过上一节对呼叫中心的分析，我们知道呼叫中心的内容是经常变化的。如火车站的语音应答系统，由于在不同的时间段有不同车次的列车进站和出站，每一天的同一个时段火车晚点的情况也不相同，这就要求此语音应答系统的维护人员要频繁的更换和修改应答内容，并且每一次修改和更换内容的时间还要尽可能的短，这就要求呼叫中心的内容编辑系统的操作要尽可能的简单；再如 IT 产品生产公司的语音咨询系统，由于该公司在不同的时期内要推出不同的产品，并且有可能推出一些新产品，因此该语音系统的树形结构和每个接点中的内容都可能发生变化，为了简化呼叫中心维护人员的工作，也需要此内容编辑系统的操作尽可能的简单。

呼叫流程中节点内容设计模块是用来填充已设计好的流程结构中相应节点的内容的。我们在对话框中输入需要播放的文字，然后点击语音合成按钮，就可以将输入的文字合成为声音文件，然后通过语音卡播放出来。实现此功能我们调用了 jTTS 标准版中的相应的函数。此模块的主要功能是将编辑好的文本文件转换成为语音文件，要实现此功能，需要调用 jTTSPlayToFileEx()函数，将文本文件合成为与接点名相同的声音文件并存放在相应的流程目录中。

1. 内容编辑

TTS 编辑界面如图 4-9 所示，在该界面上，用户不仅可以通过直接输入文字内容对节点进行编辑，还可以通过打开已经写好的 txt 文档来编辑节点的内容。当选定节点并点击 IVR 框架界面上的“编辑子节点”按钮后，就会弹出一个对话框，要求输入 jTTS 的序列号，如图 4-10 所示。

设置此对话框的目的是为了保护呼叫流程，防止节点的内容被人任意地修改。

当输入正确的序列号后，就会弹出如图 4-9 所示的节点内容编辑界面了。将节点所要播放的内容以文字的形式输入到对话框中的编辑框中。然后点击“播放”按钮进行试音，在试音的过程中，可以通过调整“速度”和“音量”的滚动条对播放音进行调整。当认为试音效果达到标准的时候，就通过下拉框选择语音文件的存储格式。存储格式在介绍 jTTSPlayToFileEx()函数时已经做了说明。

图 4-10　TTS 序列号输入窗口

我们没有提供所有的存储格式，只提供了与 wav 格式相关的格式，因为我们只调用了语音卡的 dx_playwav()函数进行语音文件播放，这个函数只能播放 wav 文件，wav 文件的格式如下：

```
FORMAT_WAV
FORMAT_WAV_8K8B
FORMAT_WAV_8K16B
FORMAT_WAV_16K8B
FORMAT_WAV_16K16B
```

当选择好文件格式后，点击“语音合成”按钮，就能够将所输入的文字转换成 wav 文件，并将此 wav 文件命名为所编辑的节点的名字，存储在相应的呼叫流程目录下。

当已经将节点的内容编辑成为某一个 txt 文件的时候，只需要点击“打开文本”按钮，然后选择编辑好的 txt 文件将其打开，就可以将 txt 文件中的内容载入到编辑框中，然后按照上面介绍的操作，将其转换成为语音文件。

要实现上面这些功能，只需在相应按钮控件的消息响应函数中调用相应的 jTTS 函数即可，具体如下：

(1) 播放功能

在“播放”按钮的消息响应函数中首先调用 jTTSSetParam()函数设置播放参数，将此函数调用两次，分别设置播放的音量和速度。音量和速度的大小则调用滚动条控件的 GetPos()方法来获得。然后通过 txtEdit 控件中的 GetWindowText()方法将编辑框中的内容以字符串的形式存储在一个字符串变量中，最后调用 jTTS 中的 jTTSPlay()方法来试听声音文件。

(2) 暂停和停止功能

实现这两个功能比较简单，只需要在相应按钮控件的消息响应函数中调用 jTTSResume()和 jTTSStop()函数即可。

(3) 语音合成功能

在消息响应函数中首先通过调用滚动条中的 GetPos()方法获得语音播放的

速度和音量的大小，并且将其存储在 JTTSCONFIG2 中，此结构的作用是在 jTTS 中用来存储播放的有关信息。然后再通过调用下拉框类的 GetCurSel()方法来获得 wav 文件的存储格式，并存储在一个 int 型变量中。下一步调用编辑框控件的 GetWindowText()方法来获得所需要合成语音的文字，并且将所选节点的名字后面加上“.wav”字符串作为合成后语音文件的文件名。最后调用 jTTSPlayToFileEx()方法，代入设置好的参数，就能够实现语音合成的功能。

通过以上内容的编程，可以非常方便地利用 jTTS 对节点的播放内容进行设计，不仅操作简单，而且实现了预期的功能。

2. 节点录音功能

在编辑节点内容时，还可以利用 Dialogic 语音卡的 dx_recwav()函数将录音文件作为节点内容的语音文件。为了实现节点的录音功能，只需要调用 dx_recwav()函数。我们编辑了一个线程来实现这个功能。首先定义好 DV_TPT 结构和 DX_CST 结构。让系统处于等待电话铃声的状态。当拨通电话后，系统就会调用 dx_playwav()函数播放提示音，然后再调用 dx_recwav()函数进行录音。当系统检测到录音中断时，就会将录音的通道清空，并且调用 dx_sethook()函数将语音通道设置成为 onhook 状态，等待下一次的电话呼叫。

录音功能的流程比较简单，也比较好实现，并且利用录音来编辑节点的内容也比较方便，语音的质量也要比利用 jTTS 合成的语音质量要好。

4.3.5 呼叫流程的运行

在 IVR 框架中还有一个流程运行模块。要实现流程的运行功能，可以以 Dialogic电话语音卡为硬件基础，利用该卡提供的 API 来实现。这里使用的是 Dialogic-PCI-4H 卡，此卡有 4 条独立的语音处理通道。在建立系统时，调用语音卡提供的 API，就能够实现语音卡相应的功能。

1. 语音卡初始化

在使用语音卡之前，首先要对其进行初始化，即使在调用dx_recwav()函数进行节点录音之前，也需要对语音卡进行初始化。语音卡的初始化实际上是将语音卡中的设备都设置成初始状态，等待系统的命令。具体来说就是利用 dx_open()函数将各个语音通道都打开，再利用 dx_setevtmsk()将语音通道能够响应的事件设置成为有电话呼入事件，然后调用 dx_setparm()来设置有电话呼入时的振铃方式，并且利用 dx_sethook()将挂钩开关设置成为压下的状态，使得整个语音通道成为等待电话呼入的状态。最后再调用 dx_deltones(),dx_blddt()和 dx_addtone()来添加用户自定义的响铃格式。由于使用的语音卡有 4 个独立的语音通道，因此使用循环来实现语音卡的初始化功能。程序如下：

```
for(index = 1; index<= brdcnt; index++)
{dx_open();//调用函数:
dx_setevtmsk();
dx_sethook();
dx_deltones();
dx_blddt();
dx_addtone();}
```

参数 brdcnt 是通过 ATDV_SUBDEVS()函数得到的语音卡中语音通道的数量，在此系统中，brdcnt 应该是 4。利用这个循环结构，可以比较方便地实现语音卡的初始化功能。当语音卡初始化成功以后，就可以使用了。

2. 流程的运行

编辑好的呼叫流程需要运行起来才能为客户服务。由于这里所开发的系统是一个构建呼叫流程的通用平台，事先无法预知呼叫流程的具体结构，因此在编写程序的时候无法使用 switch+case 语句的形式。只能通过对电话用户的操作进行判断，来实现呼叫中心的运行功能。我们定义了一个函数 jiancebohao()来获得用户的操作。利用此函数，可以将用户所拨的电话号码返回为字符串，此函数的代码如下：

```
CString jiancebohao()
{sw:switch(dig.dg_value[0])
{case'1':
return'1';
break;
case'2':
return'2';
break;
… …
case'9':
return'9';
break;
case'#':
return'#';
break;
default:goto sw;
}
}
```

流程在运行过程中，需要频繁使用此函数来获得用户所拨的号码，并且进行判断来决定下一步的流程运行。

本节还开发了一个线程来实现呼叫流程的运行。首先定义好 DV _ TPT 结构和 DX _ CST 结构，并且利用 sr _ getevtdev()和 sr _ getevtdatap()函数，使语音通道处在等待电话呼入的状态。定义 * cstp 为 DX _ CST 结构，如果 * cstp 结构中的变量 cst _ event 为检测到的电话呼入，则程序如下：

```
chdevnew = sr _ getevtdev(0);
cstp = (DX _ CST * )sr _ getevtdatap(chdevnew);
switch(cstp->cst _ event)
{case DE _ RINGS:
    //执行呼叫流程
}
```

这样，系统就会自动调用 dx _ sethook()将挂钩开关设置成为开启的状态，进入语音卡与外界电话的通话状态。这个时候就真正进入了流程的运行状态了。

流程运行的时候，拨打电话的用户是在不断的操作电话来获得自己所需要的信息，因此需要不停地判断用户的操作。由于用户的一次操作只可能从呼叫流程的一个层面跳到下一个层面或者返回上一个层面，不可能在一次的操作中向下跳两个或者更多的层面，也不可能向上跳两个或者更多的层面，因此可以利用这一点来判断用户的意图。在获得用户所拨的号码后，将要播放文件的文件名存储在一个 CString 类的变量 name 中，并将 name 变量作为 dx _ playwav()函数中的* filenamep 参数，用来表示将要播放文件的文件名。图 4-11 表明了当用户在操作呼叫流程时，系统是如何根据用户的操作来工作的。

另外，呼叫流程的结构如图 4-12 所示。其中，root 是根节点，与 root 节点相关的语音文件的文件名就是 root. wav。因此当电话接通后，系统首先利用 dx _ playwav()函数播放 root. wav。在播放 root. wav 的同时，检测播放函数是否有中断。如果有中断，则调用 ATDX _ TERMMSK()检测出中断原因。如果中断原因不是语音文件播放完毕并且没有检测到用户的拨号音，则系统判断此时用户已经挂机，那么执行挂机后对语音卡的操作。挂机后对语音卡的操作与语音卡的初始化过程差不多，不过没有初始化那么复杂。系统检测到挂机后，首先调用 dx _ clrdigbuf()清空语音通道，利用 dx _ setevtmsk()将语音通道能够响应的事件设置成为有电话呼入事件，然后调用 dx _ setparm()来设置有电话呼入时的振铃方式，并且利用 dx _ sethook()将挂钩开关设置成为压下状态，使得整个语音通道再次成为等待电话呼入的状态。检测播放中断的过程在每一次利用 dx _ playwav()函数播放 wav 文件时都会执行，这样就可以随时检测到用户的挂机操作。

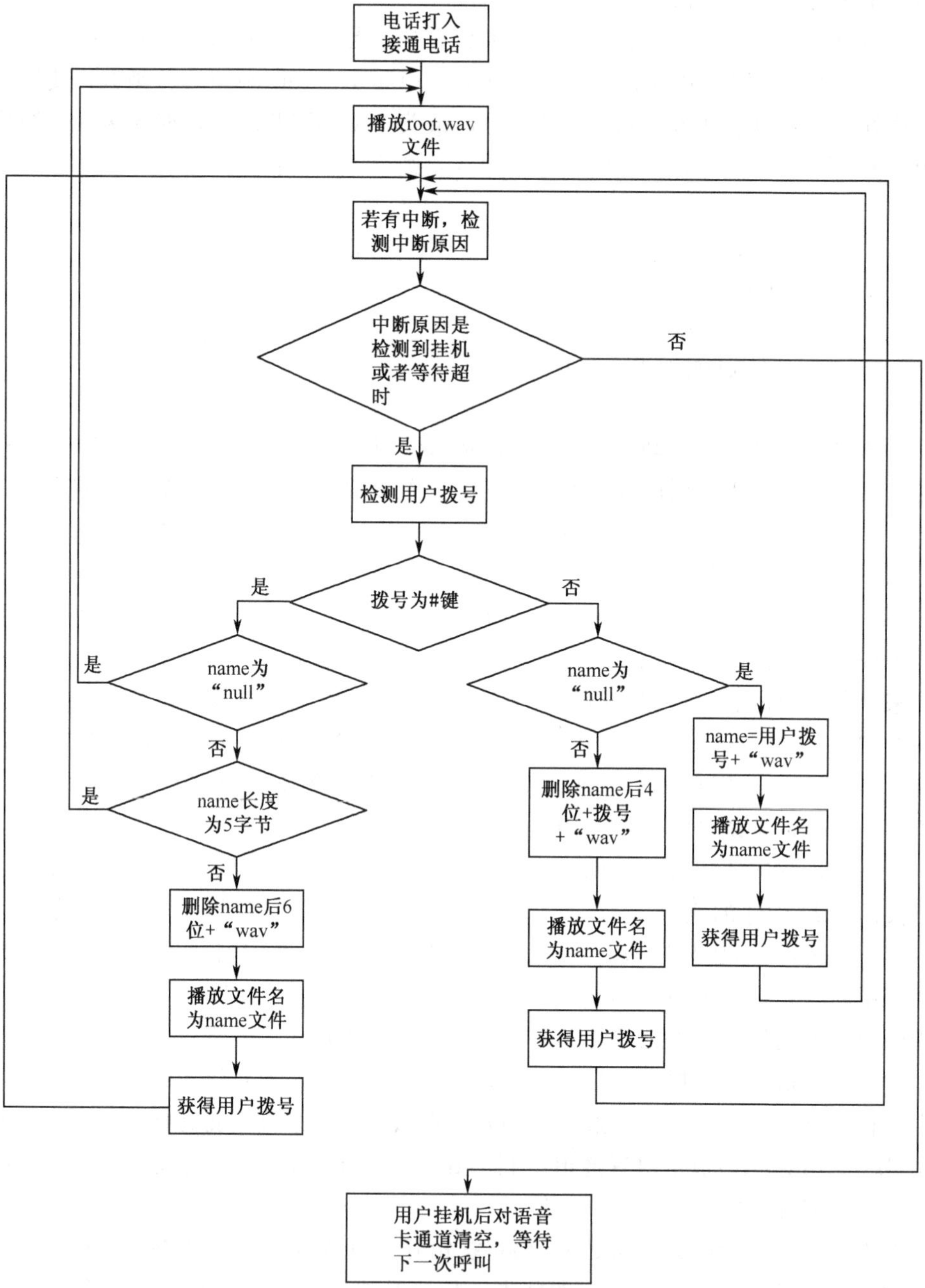

图 4-11 呼叫流程运行图

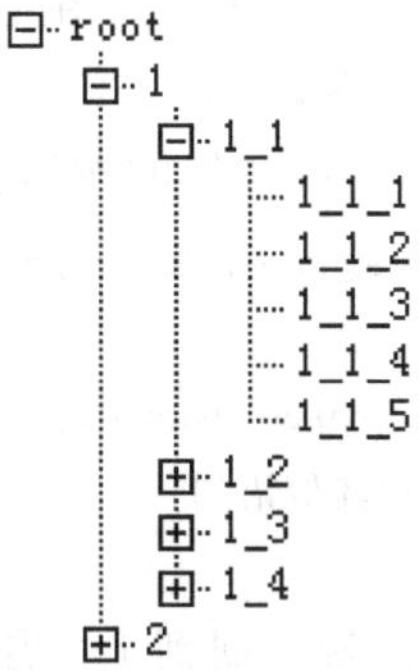

图 4-12 呼叫流程的结构

当用户没有挂机而进行拨号操作时，系统会调用自定义的 jiancebohao()函数检测用户的拨号。我们规定当用户拨号为＃号时表示返回到上一层。因此系统首先检测用户拨号是否为＃号。如果用户拨＃号，则表示要返回上一层。这时候再判断表示 wav 文件名的字符串 name 是否为“null”，如果为“null”，则表示此时流程处在根目录上，若要返回上一层则仍旧回到根目录，因此仍然播放 root.wav。如果 name 不为“null”，则判断 name 的长度是否为 5 个字节，如果为 5 个字节，则表明此时流程处于第一层，此时系统所播放的语音文件的文件名是 1.wav 或者是 2.wav 或者是 n.wav(n 代表 1～9 中的任一数字)，此时语音文件的文件名的长度是 5 个字节。因此，当用户要返回上一层时。就是要返回根节点，因此仍播放 root.wav。如果 name 的长度不为 5，则表明此时流程已经在第二层或者更深的层次。例如，如果此时处在 1_2_3 层，则此时所播放的语音文件的文件名就是 1_2_3.wav，若要返回上一层，则表示操作后所要播放的文件就是 1_2.wav，相比前后两个文件名，可以根据相应的操作使 1_2_3.wav 变成 1_2.wav。那就是将前者的最后 6 位去掉，然后加上字符串 .wav。通过这样的操作，就可以实现两个文件名的转换了。因此当 name 的长度不为 5 个字节的时候，就可以通过上面所描述的过程来达到返回上一层的目的。下面讨论用户拨号不为＃号的情形。如果用户的拨号不为＃号，则说明用户要进入下一层。此时首先要判断表示语音文件的文件名的字符串 name 是否为“null”。如果是，则表示现在正处于根目录下，要进入第一层。上面说过第一层的语音文件的文件名是 n.wav(n 为 1～9 中任一数字)。因此只要将用户所拨的号码加上 .wav 作为 name 的值，并代入 dx_playwav()函数中，就可以实现播放下一层语音文件的功能。如果 name 此时不为“null”，则表明此时流程处于第一层或者更深层。再来看一个例子，如果此时流程处于 1_2，则此时播放的语音文件的文件名是 1_2.wav，如果此时用户按下 1 键，则表明流程下一步将要播放 1_2_1.wav 文件。仍然可以通过相应的操作使 1_2.wav 转换成 1_2_1.wav，只需要将 1_2.wav 中最后 4 位去掉，然后加上“_”，再加上系统检测到用户的拨号“1”，最后再加上“.wav”就可以将 1_2.wav 转换为 1_2_1.wav 了。因此当 name 的长度不为 5 个字节的时候，可以通过上面所描述的操作来达到进入下一层的目的。

当用户进行了误操作，系统将会播放提示音。用户的误操作也就是用户通过操作命令系统播放实际上不存在的语音文件。此时，调用 dx _ playwav()函数播放文件就会播放失败，dx _ playwav()函数返回值为－1。当此函数的返回值为－1时，系统就会播放“您的按键无效，请按＃号键”的提示音，程序如下：

```
if(dx _ playwav(chdevnew,name,tptplay,mode) == - 1)
{
   dx _ playwav(chdevnew,"invalid. wav",tptplay,mode);
   … …//其他语句;
}
```

当用户按＃键后，就会回到上一层的节点，继续进行操作。

通过以上判断，系统就可以在任意的呼叫流程中检测到用户的操作，并进行正确的判断，达到响应用户操作的目的。将如图 4-11 所示的呼叫流程放置在一个循环体中，使循环条件总是成立，这样当系统完成挂机后的操作之后就会自动回到图 4-12 的顶端，等待下一次呼叫。

为了完成以上呼叫流程的判断过程，编写了以下程序代码：

```
    dx _ sethook(chdevnew,DX _ OFFHOOK,PM _ TONE|EV _ SYNC);
    dx _ clrdigbuf(chdevnew);
    root = ReFPath + "root. wav";
    if(dx _playwav(chdevnew,root,tptplay,mode) == - 1)
          {… …}//检测到挂机的操作;
    dx _ getdig(chdevnew,tptdig,&dig,mode);
          {… …}//检测到挂机的操作;
 lw :  fanhui = jiancebohao();
     if(fanhui! = "#") //如果不是拨#键
    {
     if(name == "null") //用户第一次进行按键操作
     {
     name = ReFPath + jiancebohao() + ". wav";
    if(dx _ playwav(chdevnew,name,tptplay,mode) == - 1)
    … …//播放失败或者检测到挂机的操作;
    dx _getdig(chdevnew,tptdig,&dig,mode);//获得#操作的按键
       … …//检测到挂机的操作;
       goto lw;
 }
       … …//检测到挂机的操作;
    }
 dx _ getdig(chdevnew,tptdig,&dig,mode);//获得第一次操作的按键
       … …//检测到挂机的操作;
```

```
    goto lw;
    }
  else //在用户没有进行#操作时,进入下一级的节点
{   name = name.Left(name.GetLength() - 4) + "_" + jiancebohao() + ".wav;
    if(dx_playwav(chdevnew,name,tptplay,mode) == -1)
    {……}//播放失败或者检测到挂机的操作;
            dx_getdig(chdevnew,tptdig,&dig,mode);
                ……//检测到挂机的操作;
            goto lw;
    }
        ……//检测到挂机的操作;
        }
            dx_getdig(chdevnew,tptdig,&dig,mode);
                ……//检测到挂机的操作;
            goto lw;
        }
        }
//拨号为"#",表示返回上一层
      else{
          if(name == "null")//在刚进入的第一次操作就按#键
          goto Lroot;
      else //按#键
      {
         if(name.GetLength() == 5) //在进入 n.wav 这一层后按#键
         {
            if(dx_playwav(chdevnew,root,tptplay,mode) == -1)
         {……//播放失败或者检测到挂机的操作}
                   dx_getdig(chdevnew,tptdig,&dig,mode);
                      {……//检测到挂机的操作}
                   name = "null";
                   goto lw;
         }
         else//播放成功
         {……//检测到挂机的操作}
          dx_getdig(chdevnew,tptdig,&dig,mode);
             {……//检测到挂机的操作}
          name = "null";
          goto lw;
```

```
            }
            }
            else//在进入 x _ y.wav 或更深层的子接点后按#键
        {
             name = name.Left(name.GetLength()-6) + ".wav";
             if(dx _ playwav(chdevnew,name,tptplay,mode) == -1)
             {……//播放失败或者检测到挂机的操作}
                     dx _getdig(chdevnew,tptdig,&dig,mode);
                          {……//检测到挂机的操作}
                        goto lw;
                     }
             else//播放成功
             {
                   ……//检测到挂机的操作;
                dx _ getdig(chdevnew,tptdig,&dig,mode);
                     {……//检测到挂机的操作}
                goto lw;
        }
        }
        }
        }
```

以上程序可以实现如图 4-11 所示的呼叫流程。将上面的程序放置在一个循环中，就可以使整个系统实现自动接听电话和挂机处理，实现自动语音应答的功能，从而实现呼叫流程的运行。

4.3.6 IVR 系统的完善

本章开发的 IVR 系统的主要用途是使公司或者企业能够不必面对程序代码，比较方便地建立适合自身的中小型呼叫中心，提高企业的服务质量，增强顾客满意度。虽然这个系统已经能够建立和运行中小型呼叫中心，但功能还不够完善，可以在以下方面进一步进行改进。

1. 建立与数据库系统的连接功能

目前一些比较大型的呼叫中心由于提供查询的信息比较多（如手机话费的查询，学生成绩查询），因此大多与数据库相连。在建立这些大型呼叫中心的时候，基本上都是利用 ActiveX 数据对象（ADO）接口函数，根据用户对电话的操作，来实现对数据库的查询功能，查询的结果以字符串的形式返回。然后将查询到的字符串利用 TTS 技术转换成为一个语音文件。最后利用语音卡将语音文件通过公共包交换网（public packet-switched network，PSTN）传输给用户的通信终端（电话或者手机等设备），从而获得想要查询的信息。如果在 IVR 系统中提供与数据库连接的功能，那么它的应用领域将会更加广泛。

2. 利用语音识别技术简化用户查询

现在的呼叫中心服务系统都是用户根据系统的提示，对电话键盘进行操作，从而获取所要查询的信息。这样的操作我们觉得还不是很方便。如果呼叫中心系统能够像人一样识别用户的语音要求，那么用户就不必操作电话键盘，而是直接利用语音提出查询要求，这样就大大降低了用户的查询难度，非常方便。这里的语音识别技术是指狭义的语音识别，也就是指利用计算机识别出语音信号所表达的内容，其目的是要准确地理解语音所蕴涵的含义。在呼叫中心系统中融入语音识别技术，应该首先根据不同的查询内容建立不同的语音库，然后再根据模式匹配的准则来与语音库中的语音相匹配，得到识别结果，最后通过对模型的训练来提高识别正确率和速度。语音识别技术可以与 IVR 框架相结合，提取用户用语音传达的有用信息，并转换成字符串，然后利用 ADO 函数实现与数据库的连接，实现从数据库中查询用户所需要的信息，并通过电话网络传达给用户。

第 5 章　语音识别在 Web 中的应用

5.1　引　　言

随着互联网技术的发展，应用于 Web 的语音识别技术作为一个新的发展方向，逐渐被人们重视起来。2001 年，旨在推进人机交互语音处理语言标准的 SALT 论坛（www.saltforum.org）公布了面向语音处理的扩展标记 SALT 规范 1.0 版本[33]。目前采用语音应用语言标记（speech application language tags，SALT）技术开发语音识别 Web 应用程序已成为一个研究热点。

SALT 作为对通常使用的 Web 编程语言的扩充，定义了一组标记并且整合了万维网联盟（W3C）和因特网工程任务组（IETF）的现有标准。SALT 规范的目标使用领域是电话语音和多媒体 Web 应用程序。有了它，PC、电话、移动电话、PDA 以及 Pocket PC 和 Tablet PC 等设备都可以访问基于 Web 的语音信息、程序和服务。

根据国际知名专业市场调查公司 In-Stat/MDR 日前公布的一份调查研究结果显示，SALT 是一项技术，它允许多种模式的通信。例如，输入语音输出为数据，它开启了一个新的语音应用世界。根据 In-Stat/ MDR 调查，利用人类的语音，Intenet 应用将更加的简便和友善，SALT 将使得语音识别在 Intenet 上的应用市场开始增长。

SALT 是一种能为用户与电子设备间的交互提供新方法的语音标记语言。SALT 适用于语音驱动以及所谓的“多模式”Web 应用，即那些将语音交互与传统界面模式混合在一起的应用。该技术能与 Web 技术直接集成，并以人类所共有的语音界面来提供丰富的应用。由于今天的 Web 页面能托管各种可视及多媒体组件，因此 SALT 具有丰富的发展前景。

5.2　SALT 体系结构

SALT 是将语音接口用于 HTML 文档和 XML 元素中的一个子集，它允许开发者自由地在网页中增加语音对话接口。一般而言，Web SALT 系统具有以下特点：

1）开放式体系结构。采用最新的 SALT 技术标准和 B/S 模式，支持分布式流程部署，采用 ASP.NET 技术实现与其他 Web 应用的集成。

2）高度的适应性。支持 Windows 操作系统，支持多种数据库和多种 CTI 接口。

3）方便的图形化界面。支持语音流程编辑，支持语音识别。

4）完备的配置管理。提供完善的安装、配置、管理、监控和日志工具。

图 5-1 是 SALT 的体系结构[34]。

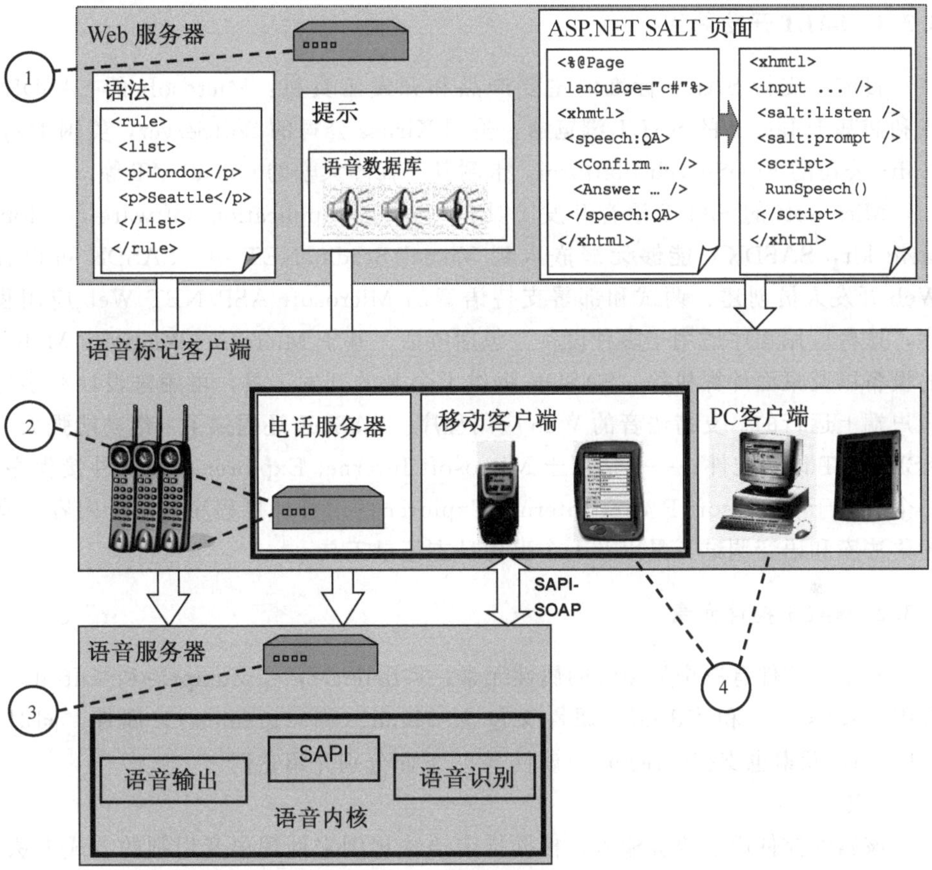

图 5-1　SALT 体系结构

基于 SALT 的 Web 应用要使用语音功能，必须要具备以下四个组成部分：

1）Web 服务商。Web 服务商提供 Web 页面，包含 HTML，SALT 和内嵌 Script，用 Script 来控制提供声音交互的对话流，如图 5-1 中①所示。

2）电话服务。电话提供商负责连接电话网络，他们结合声音浏览器对 HTML，SALT 以及 Script 进行解释，如图 5-1 中②所示。

3）语音服务。语言平台需要提供语音识别、播放声音提示以及给出用户响应，如图 5-1 中③所示。

4）客户端设备。对于单一的语音应用，一部电话就够了；而对于多模式应用，客户端需要包括一部装有 Microsoft IE 浏览器软件的移动客户端或 PC，并且该浏览器版本必须支持 SALT 应用，如图 5-1 中④所示。

5.3 SALT Web 应用开发方法

5.3.1 SALT 开发平台

目前，支持 SALT 标准的主要产品和开发工具有：Microsoft 的 SASDK，飞利浦基于 Java 2 的 SALT 浏览器，美国 Kirusa 公司的 SoftServer，美国 HeyAnita 公司的 FreeSpeech Platform，卡耐基·梅隆大学的 OpenSAIT 等。

Microsoft 的 SALT 语音开发工具包（speech application software development kit，SASDK）能够无缝嵌入到 Visual Studio. NET 中。SASDK 可以让 Web 开发人员创建、调试和部署支持语音的 Microsoft ASP. NET Web 应用程序，这些应用程序适用于多种设备，包括电话、基于 Microsoft Windows Mobile 的设备以及桌面计算机等。SASDK 提供了全套的开发工具，可用来设计在多种客户端上运行的、支持语音的 Web 应用程序。SASDK 还提供了一组功能强大的 ASP. NET 语音控件、一个适用于 Microsoft Internet Explorer 的语音外接程序、一个适用于 Microsoft Pocket Internet Explorer 的语音外接程序、一个内容丰富的语法库和语音调试工具以及一个事件日志记录工具。

5.3.2 SALT 控件元素

SALT 控件有三个最顶级的属性元素：<listen>，<prompt>和<dtmf>。其中，<listen>和<dtmf>属性又包含<bind>和<grammar>属性，同时，<listen>元素也支持<record>属性[35]。下面分别介绍它们。

<listen>

该属性控件用于语音输入，根据指定语法规则来处理语音识别的方式方法，同时也用于记录语音输入（如声音信息）。因此，它包含了<grammar>，<record>和<bind>属性和一些处理语音资源的事件以及配置识别属性，还包含一些语法的激活和去活的方法，可以控制语音识别的开始和停止。下面举一个简单的语音识别例子：

```
<salt:listen id = "travel">
<salt:grammar src = ". /city. xml"/>
<salt:bind targetElement = "txtBoxOriginCity"
value = "/result/origin_ city"/>
</salt:listen>
```

<listen>属性还可以通过程序或脚本文件调用 Start()方法。而对应<listen>属性需要完成语音识别的处理，包括对成功、不成功识别以及超时，其他的语音事件和每个识别开关都可以通过指明超时时间，识别置信度或其他一些相关参数来完成配置。

<grammar>

该属性用来指明相关语法，嵌入或者引用。一个<grammer>属性可以被赋予多个语法，在<grammer>属性设置中，在识别开始以前可以通过方法对单个语法进行激活和去活。

<bind>

该属性可以用于对变量或控件的相关值进行识别结果的赋值，即在语音识别时可以将识别结果直接传递到相应绑定的变量或者平台控件（如 C# 中的列表控件或者文本控件）。在<bind>属性中，它可选择进行多重绑定。识别结果往往通过 XML 文档形式进行返回，因此<bind>属性在其值属性中用 XPath 来指定一个特定的节点存放返回结果，同时在测试属性下，用一个 XML 模式的查询来指明绑定条件。如果条件为真，节点的值就被赋给指定的页面目标元素的相应属性值。下面举一个简单的例子：

```
<result text = "I'd like to go to London, please"} confidence = "0.45">
<dest_city text = "to London" confidence = "0.55"> London </dest_city>
</result>
```

下面代码中绑定状态将节点“dest _ city”的值赋给 XHTML 元素 txtBoxDest，而在" dest _ city”的预设条件中设置其置信度“confidence”的属性值为大于 0.4：

```
<input name = "txtBoxDestCity" type = "text"/>
<salt:listen…>
<salt:bind targetElement = "txtBoxDestCity"
value = "/result/dest_city"
test - "/result/dest_city[@confidence &gt;0.4]"
/>
</salt:listen>
```

所以绑定元素是一个简单的处理识别结果的方法。对于更多复杂的处理，在 onReco 事件处理中可以通过编程方式或在浏览器的脚本文件中调用来完成。

<record>

该属性用于指明声音记录参数和其他一些语音输入的相关信息。记录的结果也可以在<bind>中得到处理，或者在浏览器脚本代码中完成。

<prompt>

该属性被用于指明系统语音或文本输出。它可以是简单的文本，语音输出标

记，变量值，声音文件的链接，或者这些的复合输出。<prompt>属性一般是在脚本代码或者 SMIL 浏览器，或者脚本文件中的对象方法中来执行。为了使 SALT 应用具有交互性，SALT 用户将支持 W3C 标准。

```
<salt:prompt id = ""ConfirmTravea">
So you want to travel from
<salt:value targetElement = "txtBoxOriginCity"targetAttribute = "value"/>
to
<salt:value targetElemen = "txtBoxDestCity" targetAttribute = "value"/>
?
</salt:prompt>
```

<prompt>也具有<start>，<stop>，<pause>和<resume prompt playback>，以及<alter speed>和<volume>属性。

<dtmf>

该属性用于电话应用中指明 DTMF 语法来处理键盘输入和其他事件，如<listen>属性，它的属性要素是<grammar>和<bind>，同时它也包含DTMF 的一些资源配置来处理 DTMF 按键和超时。对于<listen>属性，它可以通过编程方式用<start>和<stop>命令来执行。和 LISTEN 控件类似，<dtmf>也包含了<grammar>和<bind>属性。下面的例子说明了通过 grammar 和 bind 属性如何监听和获取电话号码。

```
<salt:dtmf id - "dmtfPhoneNumber">
<salt:grammar src = "7digits. gram"/>
<salt:bind value = "/result/phoneNumber" targetElement = "iptPhoneNumber"/>
</salt:dtmf>
```

<dtmf>元素的配置包括超时设置和其他属性设置。并且还包括了键盘处理事件，规则的 dtmf 序列和语法规则外的输入。

5.3.3 事件处理

根据上面的介绍，SALT 的元素是页面文档模型（DOM）中的 XML 对象。这样，每个 SALT 元素都包含了方法、属性以及脚本中可以调用的事件处理，这样在网页执行过程中也可以和其他事件进行交互。这就允许 SALT 的语音接口很好地和网页应用进行综合。例如，<listen>，<prompt>和<dtmf>都包含了不同的方法来控制控件的开始和结束。另外，它们还包含配置和结果存储以及事件处理属性，同时还包含语音相关的事件。因此当识别结果被成功返回时，事件“onReco”被绑定在<listen>属性，如果在播放用户提示时，一旦收到用户输入，“onBargain”事件就会激活。下面的例子是多模式网页应用，当用户点击一个输入域时激活 start 方法，实现 click-to-talk 的交互模式。

```
<input name = " txtBoxDestCity" type = "text"
onclick = "recoDestCity. Start()"/>
<salt:listen id = "recoDestCity">
<salt:grammar src = "city. xml"/>
<salt:bind targetElement = "txtBoxDestCity" value = "/result/city"/>
</salt:listen>
<input type = ""button"" onclick = "recoFromTo. Start()"value = "Say From and
To Cities"/>
<input name = "txtBoxOriginCity" type = "text"/>
<input name = "txtBoxDestCity" type = "text"/>
<salt:listen id = "recoFromTo">
<salt:grammar src = "FromToCity. xml"/>
<salt:bind targetElement = "txtBoxOriginCity"
value = "/result/originCity"/>
<salt:bind targetElement = "txtBoxDestCity"
value = "/result/destCity"/>
</salt:listen>
```

5.3.4　对话流程

本节介绍了一个简单的用 client-side 脚本完成的对话流程管理例子。SALT 根据 RunAsk()脚本函数去激活<listen>和<prompt>。为了说明程序执行结果，识别结果被绑定在相关的输入域，通过脚本函数 procOriginCity()和 procDestCity()来完成，它们将会通过和<listen>相关的 onReco 事件来触发。onNoReco事件用于在收到不可识别的语音输入时来播放适当的提示信息 SayDidntUnderstand 提示。

```
<!—HTML—>
<html xmlns:salt = "urn:saltforum. org/schemas/020124">
<body onload = "RunAsk()">
<form id = "travelForm">
<input name = "txtBoxOriginCity" type = "text"/>
<input name = "txtBoxDestCity" type = "text"/>
</form>
<!—Speech Application Language Tags—>
<salt:prompt id = "askOriginCity"> Where would you like to leave from?
</salt:prompt>
<salt:prompt id = "askDestCity"> Where would you like to go to?
</salt:prompt>
```

```
<salt:prompt id = "sayDidntUnderstand" onComplete = "runAsk()">
Sorry, I don't understand.
</salt:prompt>
<salt:listen id = "recoOriginCity"
onReco = "procOriginCity()"onNoReco = "sayDidntUnderstand. Start()">
<salt:grammar src = "city. xml"/>
</salt:listen>
<salt:listen id = "recoDestCity"
onReco = "procDestCity()"onNoReco = "sayDidntUnderstand. Start()">
<salt:grammar src = "city. xml""/)
</salt:listen>
<!—script—>
<script>
function RunAsk(){
    if (travelForm. txtBoxOriginCity. value = = ""){
        askOriginCity. Start();
        recoOriginCity. Start();
    }else if (travelForm. txtBoxDestCity. value = = ""){
        askDestCity. Start();
        recoDestCity. Start();
    }
}
function procOriginCity(){
    travelForm. txtBoxOriginCity. value = recoOriginCity. text;
    RunAsk();
}
function procDestCity(){
    travelForm. txtBoxDestCity. value = recoDestCity. text;
    travelForm. submit();
}
</script>
</body>
</html>
```

以上对 SALT 技术应用过程中将会用到的一些知识作了简要介绍和说明，通过简单的例程，展现了 SALT 技术在网页设计中如何完成语音平台和网络开发平台的整合。

5.4　基于 SALT 的语音识别 Web 应用实例

5.4.1　系统功能

本节在上述理论方法的基础上开发完成一个基于 SALT 的语音识别系统，它不但有自己的独立功能模块，而且还可以附加其他功能模块或其他子系统集成为一个企业语音平台，如构建一个企业呼叫中心。该实例具备下列一些功能：

1. 语音合成

在语音识别系统中，存在许多语音播放效果，所有这些语音效果都是通过一定的合成算法产生，具体包括：支持多语言种类（英文、中文），合成数字、字符和时间，语音库混合播放等。

2. 语音识别

在语音识别系统中，最基本的语音服务功能应包括对用户自然语言的准确识别，也就是说可以直接实现机器“听懂”人说话，为服务整个系统提供一个实现语音识别的接口，从而可以进一步提供其他服务。

根据上面的分析，将本实例划分为以下三个功能模块：语音合成模块（TTS）、基于 SALT 的语音识别模块、功能服务模块，其结构如图 5-2 所示。其中，语音合成模块负责实现将任意指定的文字语句合成为语音，然后由标准输出设备输出；语音识别模块将标准输入设备输入的自然语音信号识别为文本字句；而功能服务模块实现基于语音的服务功能。

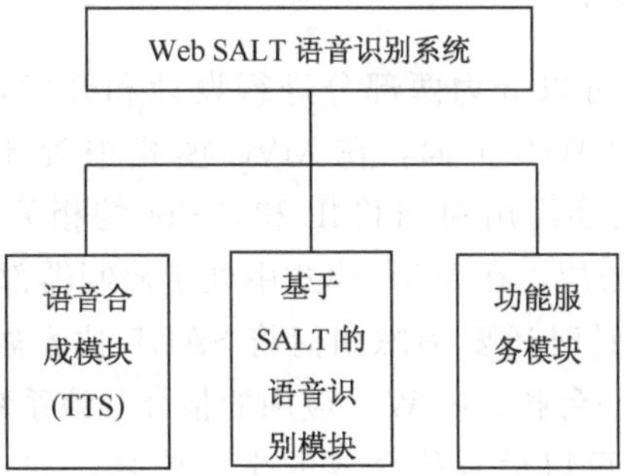

图 5-2　语音识别实例功能结构

5.4.2 系统设计与实现

1. 用户界面设计

本系统主要采用用户控件对 ASP. NET 页面进行设计，包括四个用户控件：Header，Flow，Footer 和 Page。具体代码如下：

```
<%@Register TagPrefix="IVR" TagName="Footer" Src="UserControls\Footer.ascx"%>
<%@ Register TagPrefix = " IVR" TagName = " Header" Src = " UserControls\Header.ascx"%>
<%@ Register TagPrefix = " IVR" TagName = " Flow" Src = " UserControls\Flow.ascx"%>
<%@ Register TagPrefix = " IVR" TagName = " Pagel" Src = " UserControls\Pagel.ascx"%>
    <html>
    <body>
        <form>
        <IVR:Header id="Header" runat="server"></IVR:Header>
        <IVR:FIow id="Flow" runat="server"></IVR:FIow>
        <IVR:Footer id="Footer" runat="server"></IVR:Footer>
        <IVR:Pagelid="Pagel"runat="server"></IVR:Page I >
        </form>
    </body>
    </html>
```

2. Web 应用程序设计

本系统的应用程序可以分为两部分进行设计和开发，即服务器后台程序和 Web 页面。对于前端的 Web 页面，在 MVC 模式中处于视图部分，可以使用 ASP. NET 来实现，同时还需用到 HTML 和 Script 的相关知识；而服务器后台程序是语音识别处理的核心层，在 MVC 模式中处于控制器部分，可以通过 C# 编程来完成[36]。另外，在设计时还要考虑如何将 SALT 技术融合到传统的 Web 应用中，从而实现语音识别平台和传统 Web 应用的整合。该系统的运行流程如图 5-3。

在该系统中，用户可以设定待合成的文字信息，如“Hello world!”，语音合成功能按钮可以将其转化成目标语音流并从标准输出设备（如耳机和音箱）输出。语音识别功能按钮可以将人的自然语音识别成具有语义的文字，并根据用户语音命令显示出不同的图片。该系统的识别页面如图 5-4 所示。

在图 5-4 中预先设置了识别内容，用户使用标准输入设备（如传声器）读出

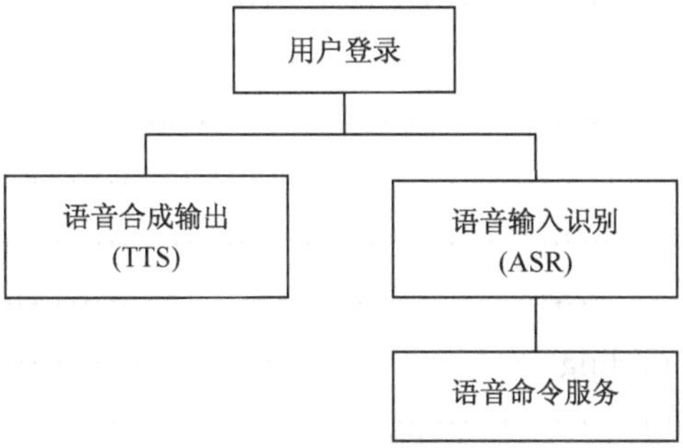

图 5-3　系统工作流程

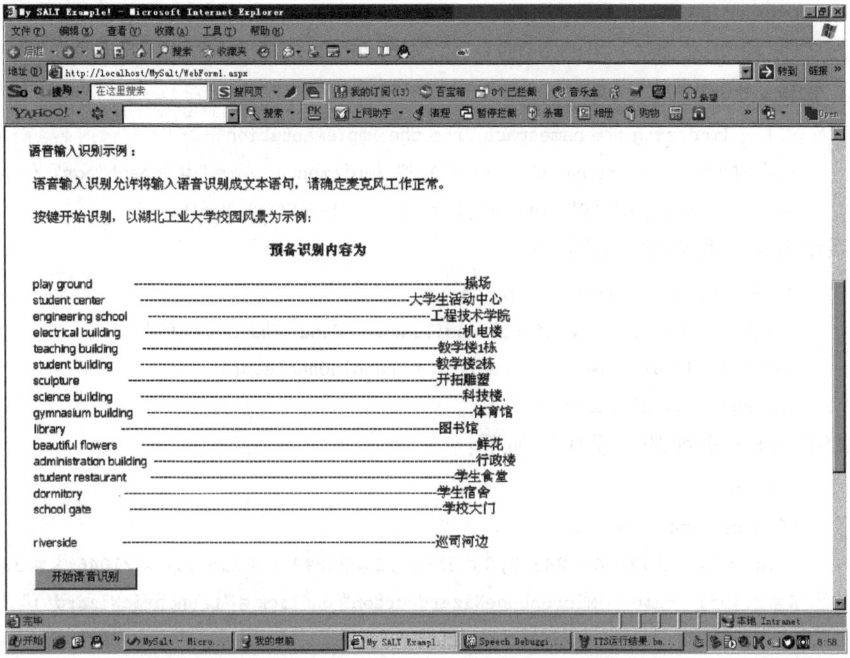

图 5-4　语音识别主页面

这些内容，识别页面根据不同的读音将显示出不同的图片。该系统预先定义的识别内容如下：

play ground ………………………………………………………… 操场
student center ……………………………………………… 大学生活动中心
engineering school ………………………………………… 工程技术学院
electrical building ……………………………………………………… 机电楼
teaching building ………………………………………………… 教学楼 1 栋

student building ································ 教学楼 2 栋
sculpture ································ 开拓雕塑
science building ································ 科技楼
gymnasium building ································ 体育馆
library ································ 图书馆
beautiful flowers ································ 鲜花
administration building ································ 行政楼
student restaurant ································ 学生食堂
dormitory ································ 学生宿舍
school gate ································ 学校大门
riverside ································ 巡司河边

为了实现对上述内容的识别，必须在页面中加入 SALT 标记，即声明 SALT 变量，实现的代码如下：

```
<!— Importing the namespace from the implementation—>
</HEAD><?import namespace = "SALT" implementation = "#SpeechTags" />
<body topmargin = "0" leftmargin = "0"><!— Start Toolba—>
```

系统各个变量对象声明如下：

```
<!—SALT speech recognition object—>
<SALT:listen id = "TestReco" onsilence = "HandleOnSilence()"
onreco = "HandleOnReco()" onnoreco = "HandleOnNoReco()"
onerror = "HandleOnError()">
```

ASP. NET 页面的主要代码如下：

```
<form>
<input type = "button"
value = "&#25171;&#24320;&#35821;&#38899;&#25511;&#21046;&#38754;
&#26495;" name = "MicrophoneWizardButton" onClick = "LaunchMicWizard()" ID = "
Button1">
</form><form>
<input type = "button"
value = "&#25773;&#25918;&#31034;&#20363;&#35821;&#38899;" name = "
SpeechOutputButton" onClick = "StartPrompt()"> 
</form ><form>
<input type = "button"
value = "&#25171;&#24320;&#35821;&#38899;&#25511;&#21046;&#38754;
&#26495;" name = "MicrophoneWizardButton" onClick = "LaunchMicWizard()">
</form>
<SPAN lang = EN-US style = "FONT-SIZE: 10pt; FONT-FAMILY: Tahoma;
```

```
mso-font-kerning: 1.0pt; mso-ansi-language: EN-US; mso-fareast-language: ZH-CN;
mso-bidi-language: AR-SA; mso-fareast-font-family: &#23435; &#20307; ">one
two three four five six seven eight nine ten </SPAN>
<form id="RecoForm">
<input type="button"
value="&#24320;&#22987;&#35821;&#38899;&#35782;&#21035;"
name="StartRecognitionButton" onClick="StartRecognition()">
</form>
<form id="RecoMessage"><p><font face=&#23435;&#20307;></font >
 </p></form>
<form id="RecoStatus"><p> </p></form>
<form id="RecoText"><p> </p></form>
```

3. 语音识别系统语法设计

对基于SALT的语音Web应用程序设计，使用适当的语法是一个关键问题。该系统使用了系统语法，自定义语法，在自定义语法中调用系统语法等方法。

(1) SDK系统语法

由于.NET的SALT SDK自身已经带了比较全面的语法结构，在程序设计时可以充分利用这些语法来完成开发任务，如YesNoCancel，integer，float，SimpleAlphanumber以及UsphoneNumber等，都可以随时调用。

(2) 自定义语法

对于那些SDK里没有的语法，如果需要进行语音识别就要自行定义。该系统目前支持英文语音识别，以后将增加汉语语音识别。在该系统里，由于需要根据识别结果显示不同的图片，因此需要定制一套语法规则嵌入到语音识别页面中，具体实现如下：

```
<SALT:grammar id="gram1" name="gram1">
<grammar tag-format="semantics-ms/1.0" version="1.0" xml:lang="en-US"
xmlns="http://www.w3.org/2001/06/grammar" root="numbers">
        <rule id="numbers">
          <one-of>
            <item>play ground</item>
            <item>student center</item>
            <item>engineering school</item>
            <item>electrical building</item>
            <item>teaching building</item>
            <item>student building</item>
            <item>sculpture</item>
```

```
                <item>science building</item>
                <item>gymnasium building</item>
                <item>library</item>
                <item>beautiful flowers</item>
                <item>administration building</item>
                <item>student restaurant</item>
                <item>dormitory</item>
                <item>school gate</item>
                <item>riverside</item>
            </one-of>
        </rule>
    </grammar>
</SALT:grammar>
```

4. 语音识别系统的功能实现

根据预先的设计，系统必须能够根据用户不同的输入实现不同的功能，完成不同的任务，这也是语音识别系统的基本功能。功能模块的 script 实现代码如下：

```
function StartPrompt()
  {
    try
    {
     PromptMessage.innerHTML = "";
    PromptStatus.innerHTML = "";
    TestPrompt.Start("I am Wu Jian, this is My salt example.");
    }
    catch(e)
    {
    alert("Speech output error");
    }
  }

function StartRecognition()
  {
    try
    {
    RecoMessage.innerHTML = "";
    RecoStatus.innerHTML = "";
    RecoText.innerHTML = "";
```

```
    TestReco. Start();
    }catch(e){
          alert("Recognition error");
          }
    }

function HandleOnReco()
  {
    var text;
    try
    {
     text = event. srcElement. text;
     RecoMessage. innerHTML = "Recognition was successful. "
                  if(text = = "")
                  {
                      RecoText. innerHTML = "Recognized input. ";
                  }
                  else
                  {
             RecoText. innerHTML = "Recognized input : " + event. srcElement. text;
                  }
                  RecoStatus. innerHTML = "Status = " + TestReco. status + ". ";
                  if(event. srcElement. text = = "play ground")
                  {
document. write('<img src = "picture/play ground. JPG" width = "512" height = "
384">');
                  }
                  if(event. srcElement. text = = "student center")
                  {
document. write('<img src = "picture/student center. JPG" width = "512" height
 = "384">');
                  }
                  if(event. srcElement. text = = "engineering school")
                  {
document. write('<img src = "picture/engineering schoold. JPG" width = "512"
height = "384">');
                  }
                  if(event. srcElement. text = = "electrical building")
```

```
                {
document.write('< img src = " picture/electrical building.JPG" width = " 512"
height = "384">');
                }
                 if(event.srcElement.text = = "teaching building")
                {
document.write('< img src = " picture/teaching building.JPG" width = " 512"
height = "384">');
                }
                if(event.srcElement.text = = "student building")
                {
document.write('<img src = "picture/student building.JPG" width = "512" height
= "384">');
                }
                if(event.srcElement.text = = "sculpture")
                {
document.write('< img src = " picture/sculpture.JPG" width = " 512" height = "
384">');
                }
                if(event.srcElement.text = = "science building")
                {
document.write('<img src = "picture/science building.JPG" width = "512" height
= "384">');
                }
                if(event.srcElement.text = = "gymnasium building")
                {
document.write('< img src = " picture/gymnasium building.JPG" width = " 512"
height = "384">');
                }
                if(event.srcElement.text = = "library")
                {
document.write('<img src = "picture/library.JPG" width = "512" height = "384">');
                }
                if(event.srcElement.text = = "beautiful flowers")
                {
document.write('< img src = " picture/beautiful flowers.JPG" width = " 512"
height = "384">');
                }
```

```
                if(event.srcElement.text == "administration building")
                {
document.write('<img src = "picture/administration building.JPG" width = "512"
height = "384">');
                }
                if(event.srcElement.text == "student restaurant")
                {
document.write('<img src = "picture/student restaurant.JPG" width = "512"
height = "384">');
                }
                if(event.srcElement.text == "dormitory")
                {
document.write('<img src = "picture/dormitory.JPG" width = "512" height = "
384">');
                }
                if(event.srcElement.text == "school gate")
                {
document.write('<img src = "picture/school gate.JPG" width = "512" height = "
384">');
                }
                if(event.srcElement.text == "riverside")
                {
document.write('<img src = "picture/riverside.JPG" width = "512" height = "
384">');
                }
            }
            catch(e)
            {
                alert("Recognition error");
            }
        }

        function HandleOnSilence()
        {
            try
            {
                RecoMessage.innerHTML = "Silence was detected.";
                RecoStatus.innerHTML = "Status = " + TestReco.status + ".";
```

```
        }
        catch(e)
        {
            alert("initial timeout");
        }
    }

    function HandleOnNoReco()
    {
        try
        {
            RecoMessage.innerHTML = "No recognition";
            RecoStatus.innerHTML = "Status = " + TestReco.status + ".";
        }
        catch(e)
        {
            alert("No recognition");
        }
    }

    function HandleOnError()
    {
        var Reason;
        try
        {
            Reason = event.srcElement.reason;
            if(Reason == "")
            {
    RecoMessage.innerHTML = "An error has occured with the recognition.";
            }
            else
            {
RecoMessage.innerHTML = "An error has occured with the recognition : " + Reason;
            }
            RecoStatus.innerHTML = "Status = " + TestReco.status + ".";
        }
        catch(e)
        {
```

```
            alert("Recognition error");
        }
    }

    function HandlePromptOnComplete()
    {
        try
        {
        PromptMessage. innerHTML = "Prompt was successfully played. ";
        PromptStatus. innerHTML = "Status = " + TestPrompt. status + ". ";
        }
        catch(e)
        {
            alert("Prompt complete");
        }
    }

    function HandlePromptOnError()
    {
        var Reason;
        try
        {
            Reason = event. srcElement. reason;
            if(Reason = = "")
            {
                PromptMessage. innerHTML = "An error has occured. ";
            }
            else
            {
        PromptMessage. innerHTML = "An error has occured : " + Reason;
            }
            PromptStatus. innerHTML = "Status = " + TestPrompt. status + ". ";

            PromptStatus. action();
        }
        catch(e)
        {
            alert("Prompt error");
```

```
        }
    }

    function LaunchMicWizard()
    {
        var shell;
        var commonFilePath;
        var environment;
        shell = new ActiveXObject("WScript.Shell");
        environment = shell.Environment("Process");
        commonFilePath = environment.Item("CommonProgramFiles");
            shell.Run("\"rundll32.exe\" shell32.dll,Control_RunDLL \"" +
            commonFilePath + "\\Microsoft Shared\\Speech\\sapi.cpl\",
            Speech");
    }
```

5.4.3 SALT Web 应用系统的测试

在该系统中，预先设置的语音合成语句为“I am Wu Jian，this is My salt example”。当点击“播放示例语音”键后，用户可以从音箱中听到系统实时动态合成的声音。声音输出结束后，系统会在页面提示栏显示 TTS 转换成功的提示信息“Prompt was successfully played.”和状态参数“Status＝0”（图 5-5）。如果系统出错没有成功转换，会弹出错误对话框“An error has occured. Prompt error!”。

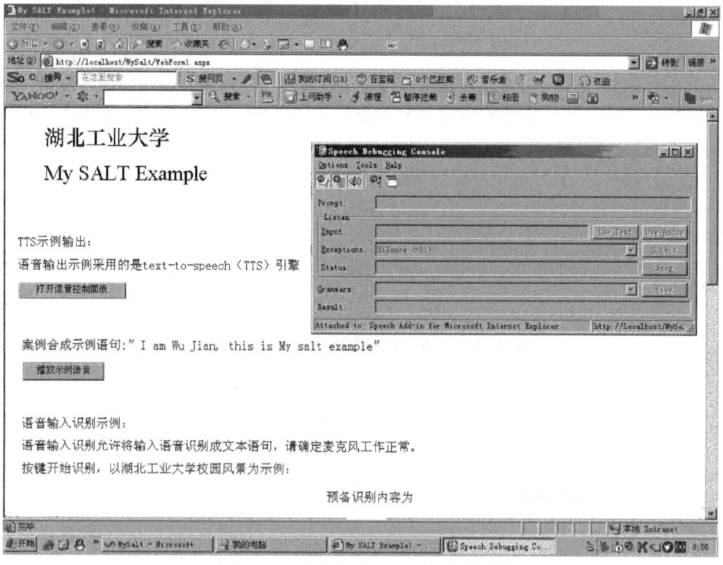

图 5-5 系统页面运行示意图

按“开始语音识别”按钮，分别输入“school gate”，“science building”，“riverside”语音命令，系统将显示不同的图片，运行结果如图 5-6 和图 5-7 所示。

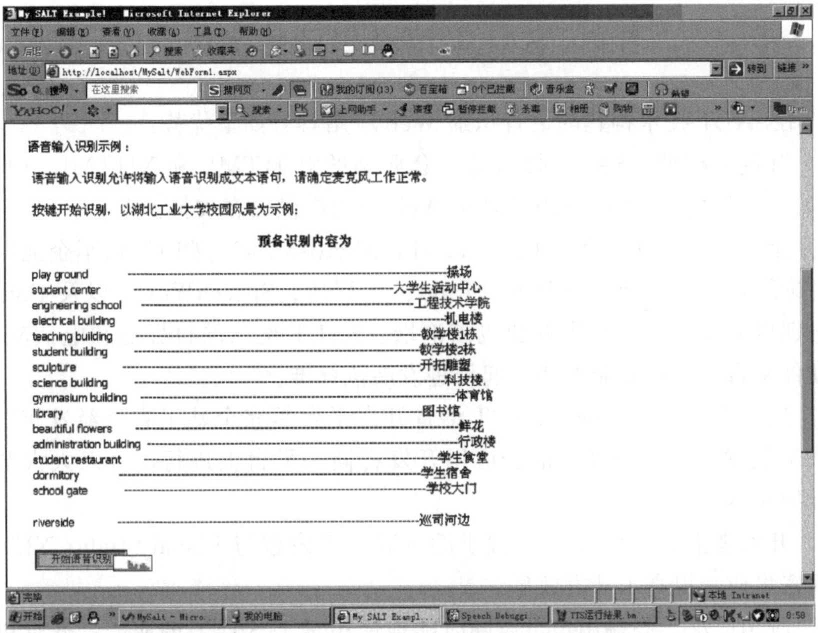

图 5-6　按“开始语音识别”键，读“school gate”

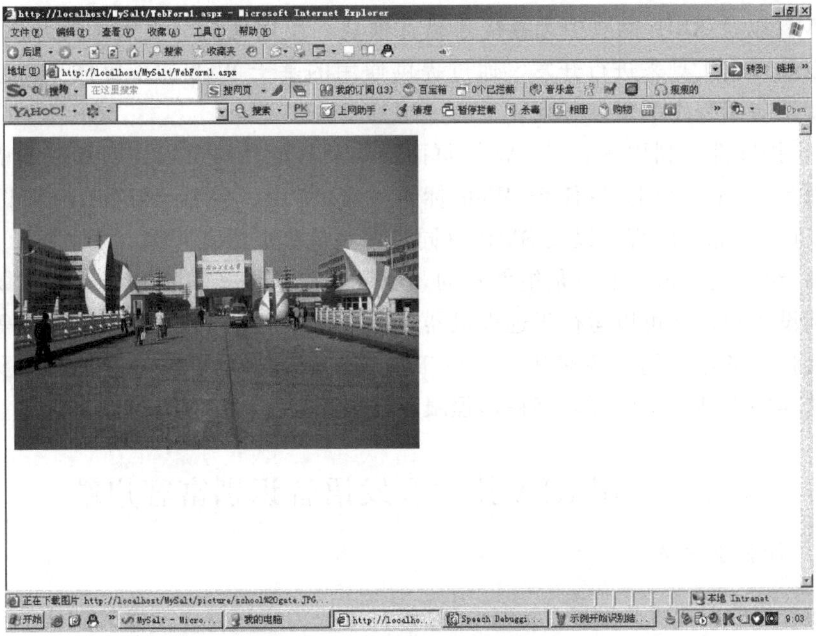

图 5-7　显示结果图片“学校大门”

经过运行测试，本章开发的基于 SALT 技术的 ASP.NET 页面能够对语音信号进行高效识别，实现了语音识别在 Web 中的应用。

5.5 SALT 语音识别的优势

利用 SALT 技术构建的语音识别 Web 应用具有如下优势：

1）开放的标准。SALT 技术是一套典型的对 HTML 和 XHTML 进行扩展的技术，通过这种技术的应用可以对 Web 应用提供语音支持。

2）企业合作伙伴。在 2001 年 10 月，Microsoft 和一些 IT 领军企业组建了 SALT 论坛，这些企业包括思科、Intel、飞利浦、SpeechWorks 以及 Comverse 等。自那以后又有多个合作者加盟该论坛。SALT 论坛的目标是和电话应用商、语音硬件平台以及设备制造商一起推进发展该标准。

3）通用平台。Microsoft.NET 语音开发平台是完全基于它已经发布的企业级 .NET 技术，这样网页与语音应用开发在同一平台上进行，可以大大节省开发和维护成本。

4）开发者推崇。Microsoft 提供的 SALT 开发包与 Visual Studio.NET 开发环境紧密集成，提高了开发效率。

5）应用广泛。终端用户可以随时随地使用基于 SALT 的应用，并且可以同时支持任何使用语音、文本或图像接口的设备；开发者可以在现有的 HTML，XHTML 以及 XML 网页中无缝接入语音模块，使用他们一直熟悉的开发语言、技术以及现有工具来进行开发。通过提供通用的基于 Web 的多媒体交互应用来降低使用应用程序的复杂程度。

6）扩展性。利用 SALT，Web 页面脚本及其他代码可以访问和控制语音功能，而且 SALT 可以和任何 Web 标准一起使用，包括 HTML，XHTML，WML（无线标记语言）以及 SMIL（同步多媒体集成语言）等。

7）组件式。语音业务是组件式的，也就是说，语音识别和语音合成既可以嵌入到设备中，又可以运行于远程机器上。这使得小型设备（如移动电话等）能利用远程服务器上的资源来运行 SALT 应用。而且，也可以将语音文件及语法规则这样的大型动态资源驻存在远程服务器上。

5.6 使用 RIA 技术开发语音识别富客户端

5.6.1 什么是 RIA

随着互联网技术的发展，Internet 已经日益成为应用程序开发的默认平台。用户对应用程序的复杂性要求不断增长，但现在 B/S 结构的 Web 应用程序由于页面简单，在实现复杂操作界面方面一直存在问题。用户在与 Web 应用程序交互时，其体验和效率并不能令人满意。而且，由于 Web 模型是基于页面的模型，缺少客户端智能机制，客户端的每一步操作都需要与服务器进行通信，导致 Web 页面反应速度很慢，几乎无法完成复杂的用户交互。所以传统的 B/S 开发技术使得 Web 应用程序在复杂应用方面难以使用，在开发复杂语音识别程序方面具有一定的局限性。

为了克服传统 Web 应用界面单一的问题，近两年出现了 RIA（rich internet application）技术。RIA 实际上是一种基于 Web 的富客户端（rich client）开发技术。由于可以设计丰富的客户端页面，并具有局部刷新、异步通信等功能，所以 RIA 应用可以提供强大的功能，让用户体验到与传统桌面应用一样的高交互性。同时，RIA 又是基于 Web 浏览器的应用，所以用户使用 RIA 非常方便。一般来说，用户使用 RIA 就像使用普通网页一样，不需要安装任何客户端软件，只要拥有浏览器即可。当用户通过浏览器请求 Web 页面，RIA 应用程序就会下载到客户端机器上运行，不仅提高了运行速度，而且可以设计出非常复杂的客户端操作界面。图 5-8 显示了 RIA 的应用程序模型。

图 5-8　RIA 的应用程序模型

从图 5-8 可以看出，RIA 应用与传统 Web 应用的区别是在客户层和表示层增加了 Flash 和 Flex 等页面开发技术，将图形用户界面（GUI）与传统页面结合，从而使 RIA 具有前所未有的用户体验。在 RIA 的系统结构中，客户机的作用不仅是展示页面，提供表示层的功能，更多的是它可以在幕后进行异步计算、传送和检索数据，显示集成的用户界面和使用声音和图像，这一切都可以在不依靠客户机连接服务器的情况下进行。

5.6.2 RIA 技术的优势

实际上，为了改善客户端界面的响应特性，可以使用 Ajax 技术来解决这个问题。但 Ajax 除了在局部刷新和异步通信等方面具有优势外，在图形界面设计和多媒体支持方面还具有一定的局限性，而 RIA 的主要优势在于结合了桌面应用程序的反应快、交互性强的优点与 Web 应用程序的传播范围广及容易传播的特性。因此 RIA 应用可以提供更丰富、更具有交互性和响应性的用户体验，这种界面设计方法特别适用于基于 Web 的实时（real time）交互、语音识别和实时控制等场合。

具体说来，RIA 具有的桌面应用程序的特点包括：在消息确认和格式编排方面提供互动用户界面，在无刷新页面之下提供快捷的界面响应时间，提供通用的用户界面特性，如拖放式（drag and drop）以及在线和离线操作能力。RIA 具有的 Web 应用程序特点包括：立即部署、跨平台、采用逐步下载来检索内容和数据以及可以充分利用被广泛采纳的互联网标准。RIA 具有的通信特点包括：实时互动的声音和图像。

5.6.3 RIA 开发技术 Flash/Flex

目前，支持 RIA 开发的工具很多，其中，Macromedia 公司的 Flash/Flex 是最流行的开发语言。Flash 从 6.0 开始就逐步具备建立窗体风格应用程序的功能。由于 98%以上的客户端浏览器都安装了 Macromedia Flash Player，这使得以 Flash/Flex 为客户端的 RIA 可以支持种类广泛的平台和设备。

Flex 是为满足希望开发 RIA 的企业级程序员的需求而推出的 Web 应用程序框架，它可以运行于 J2EE 和 .NET 平台。Flex 服务器提供标准的、声明性的编程方法和流程，并提供运行时服务，用于开发和部署富客户端应用程序的表示层。Flex 开发者使用直观的基于 XML 的 MXML 来定义丰富的用户界面。该语言由 Flex 服务器翻译成 swf 格式的客户端应用程序，在 Flash Player 中运行。

Flex 应用程序与传统的 B/S 应用程序的主要区别在于 Flex 应用程序在客户端运行，如字段校验、数据格式、分类、过滤、工具提示、合成视频、行为及效果等。Flex 应用程序框架由 MXML，ActionScript 2.0 及 Flex 类库构成。开发人员可以使用 MXML 及 ActionScript 2.0 语言在 Adobe Flex Builder 集成开发环境中编写 Flex 应用程序。利用 MXML 定义应用程序用户界面元素，利用 ActionScript 2.0定义客户逻辑与程序控制。Flex 类库中包括 Flex 组件、管理器及行为等。利用基于 Flex 组件的开发模型，开发人员可在程序中加入预建的组件、创建新组件或是将预建的组件加入复合组件中。Flex 用于页面设计的优势是它能控制页面的快速翻转平移、页面数据的刷新、实时数据交换等，Flex 实例模型的数据刷新能力比传统模型快 40%～50%。

Adobe Flex Builder 2 是在 Eclipse 基础上创建的一个使用 Flex SDK，Flex

Data Services 和 Flash Player 来开发应用程序的集成开发环境（图 5-9），它实现了集成编译器，代码缩进，调试，设计视图，源代码控制等许多功能，可作为独立软件使用，也可作为 Eclipse 插件使用（下载地址：http://www. adobe. com/devnet/flex）。

图 5-9　Adobe Flex Builder 2

5.6.4　RIA 开发过程

这里使用 Adobe Flex Builder 2 进行开发。像其他开发工具一样，Flex2 的程序开发简单易行，大体上分为 4 个步骤：

1）Flex2 程序设计者将所需的控件直接从工具箱中拖移到设计页面上（图 5-10）。

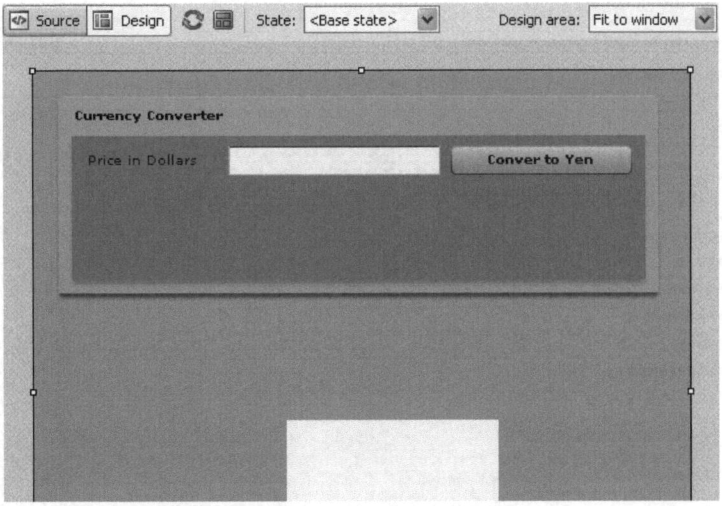

图 5-10　Flex 界面设计

2）设置目标控件属性。

3）设计流程与代码（图 5-11）。

```
<?xml version="1.0" encoding="utf-8"?>
<mx:Application xmlns:mx="http://www.adobe.com/2006/mxml" layout="absolute" cr
  <mx:Script>
   <![CDATA[
       import flash.events.MouseEvent;

       public function createListener(): void {
        btnConvert.addEventListener(MouseEvent.CLICK, convertCurrency);
       }
     public function convertCurrency(e:MouseEvent):void {
      var rate:Number = 120;
      var price:Number = Number(txtPrice.text);
      if (isNaN(price)) {
       lblResults.text = "Please enter a valid price.";
      }else {
       price = price * rate;
       lblResults.text = "Price in Yen: " +String(price);
      }
     }
   ]]>
  </mx:Script>
 <mx:Panel x="20" y="20" width="450" height="150" layout="absolute" title="Cur
  <mx:Label x="10" y="10" text="Price in Dollars"/>
  <mx:Label x="135" y="52" id="lblResults"/>
  <mx:TextInput x="117" y="8" id="txtPrice"/>
  <mx:Button x="285" y="8" label="Conver to Yen" id="btnConvert" width="135"/>
```

图 5-11　Flex 源代码

4）在浏览器中调试运行（图 5-12）。

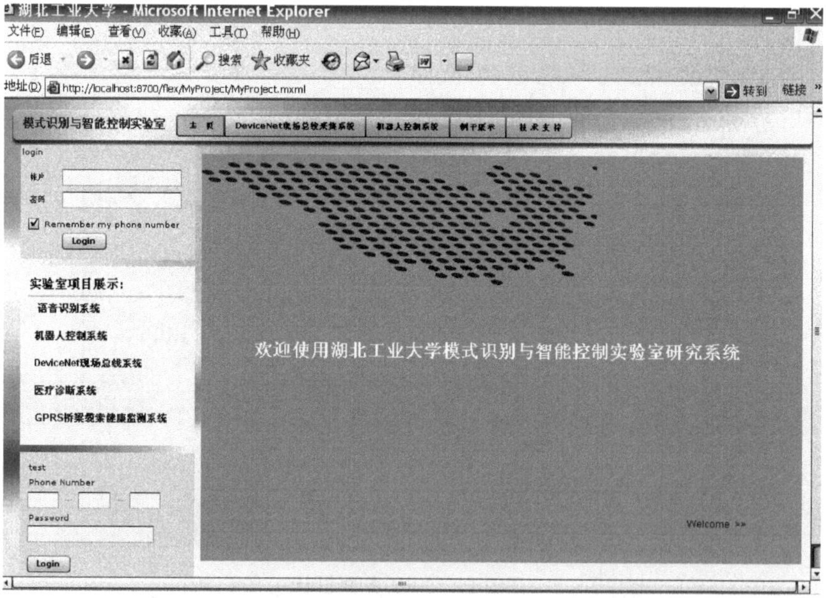

图 5-12　Flex 运行效果

第6章　语音控制软件的设计

6.1 引　　言

随着现代科技和计算机技术的不断发展，人们在与机器的信息交流中，需要一种更加方便、自然的方式，而语言是人类最重要、最有效的信息源。另外，实现人机之间的语音交互，让机器“听懂”人的话也是人们梦寐以求的事情。随着语音识别技术的出现，使得这一理想得以实现。从机器人的发展和国内外对语音识别技术的研究现状来看：把语音识别技术与机器人控制技术相结合，正成为目前研究的热点[37]。特别是工业机器人的人机交互问题的研究，不但具有较好的理论意义，而且有较大的实用价值。

本章主要研究基于语音识别的远程工业机器人控制软件的设计。通过网络用户可以远程控制机器人，控制的主要方式是，使用 Dialogic 语音卡和多线程控制模式，用户通过电话直接输入语音命令，由语音识别系统对语音命令进行识别，接着将识别的结果传送给远端的机器人，机器人接收到命令后就做出相应的动作，从而完成对机器人的控制。

6.2 开发平台和工具

1. 硬件设备

为实现语音通信，客户端需配置两条电话线路，一条接电话，一条接 Dialogic 语音卡。同时为了实现视频协作，在控制设备端还需配置 USB 接口的摄像头。控制设备采用深圳固高公司生产的教学型工业机器人。

2. 语音识别和语音合成软件

为了实现和支持应用程序的运行，需要在客户端机器上安装语音识别（automatic speech recognition，ASR）和语音合成系统软件，以支持应用程序识别用户的语音控制命令。本章使用的是 Nuance V7.0.4 ASR 系统和 jTTS 语音合成系统。

美国 Nuance 公司是一家专门从事语音技术研究的高科技公司，专为电信、企业和基于互联网的系统提供自然语音识别平台。他们的语音识别平台功能强大，基于电话语音采集系统工作，提供了多钟语音识别机制，处于全球领先地位。采用的 Nuance V7.0.4 版本附带中文普通话识别开发平台，在此平台上进行软件程序的开发，不仅方便而且效率很高。

jTTS 语音合成系统是由北京捷通华声语音技术公司自主研发的，具有先进的中文语音合成技术。软件系统提供完整的中文 TTS 系统，具有海量词库，能正确识别多音字，能基本正确掌握朗读的语调和节奏。采用女声真人发音，可调的音量、语速和语调，具有较好的真实感和亲和力，主观可懂度大于 99%。适用于交互式语音应答（interactive voice response，IVR）系统的语音提示应用，可以省去繁琐的预先录音工作。jTTS 还提供底层的 API 函数，以及与硬件无关的 C/C++应用编程接口，可以方便地挂接语音识别引擎和语音合成引擎。

3. 软件开发平台

采用 Visual C#. NET 和固高工业机器人提供的运动控制 API 软件包作为机器人控制程序的开发平台。采用 VC++6.0 和 Nuance V7.0.4 版中附带的中文普通话识别开发包和捷通华声 jTTS 开发包作为语音识别和合成的开发平台。

6.3 语音控制软件总体设计

6.3.1 系统结构

基于语音识别的远程机器人控制系统将机器人的本地语音控制分布到远端，利用计算机网络通信技术，操作者可以通过语音指令透明地操作远端的机器人，而感觉不到网络的存在[38]。系统结构如图 6-1 所示。

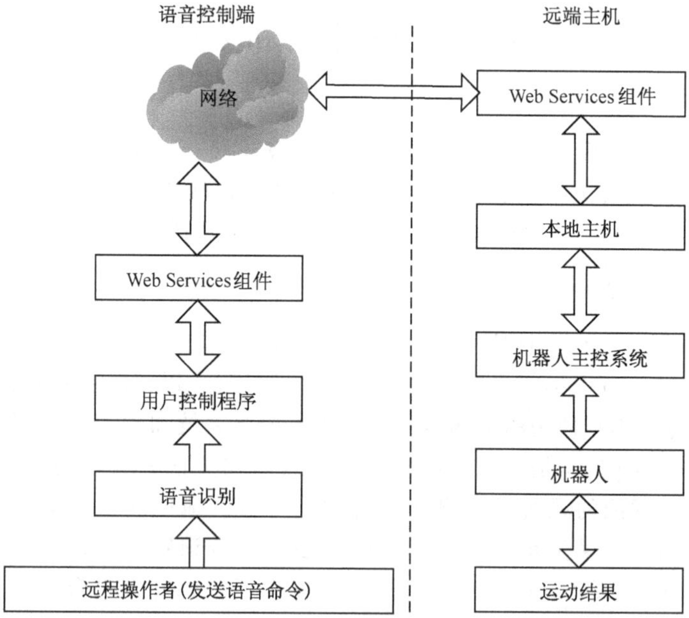

图 6-1 系统结构图

远端主机以 Web Services 技术为基础。一方面，Web Services 组件作为远程操作者和机器人交互的代理，完成机器人与用户之间的通信，接收远程操作者的语音命令和控制，同时又把机器人和工作环境的状态和信息传送给远程操作者[39]。另一方面，远端主机作为一个自主体，即一个独立自主的智能实体，能作用于自身并感知环境，根据当前的环境状态，完成远程操作者通过组件下达的某些任务，如装配作业、路径规划、避障等。在语音控制端，网络起到了远程操作者和机器人交互的传输媒体作用。远程操作者通过语音命令遥控机器人完成相应的任务，并可通过 Web Services 组件返回的参数了解机器人的工作情况。

6.3.2　系统功能

系统功能模块如图 6-2 所示。

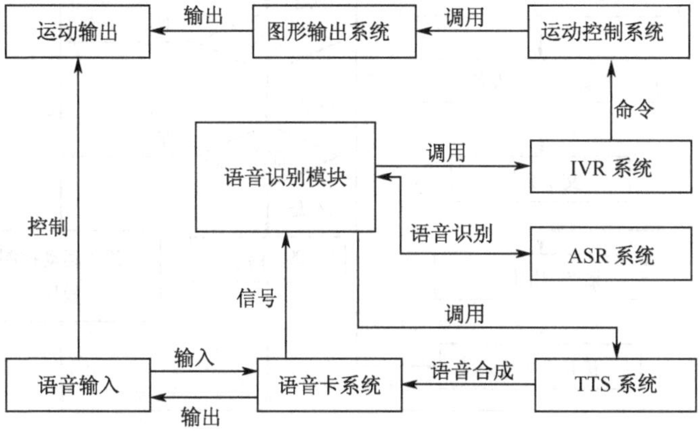

图 6-2　系统功能模块

功能主要包括：

1）实现工业机器人的语音远程控制。

2）实现机器人运动的完整流程，包括：初始化、上伺服、操作、停止、关伺服、退出，还能进行运动速度和运动脉冲的设置。

3）实现指令批处理功能，使系统更切合某些实际情况下的需要。

4）实现多线程联动，提高控制的效率和实时性。

5）通过视频在网络上反馈机器人运动的图像，以实现协同操作。

6.3.3　控制流程

语音控制机器人需要实现的主体功能有：非特定人的语音识别、机器人的运动控制以及数据流的管理。由于控制系统主程序由 Visual Studio. NET 2003 开发，而语音识别部分由 VC++6.0 开发，所以还需要在主程序中利用网络编程将二者连接起来。考虑到上述所有要求，给出总的系统流程如图 6-3 所示。

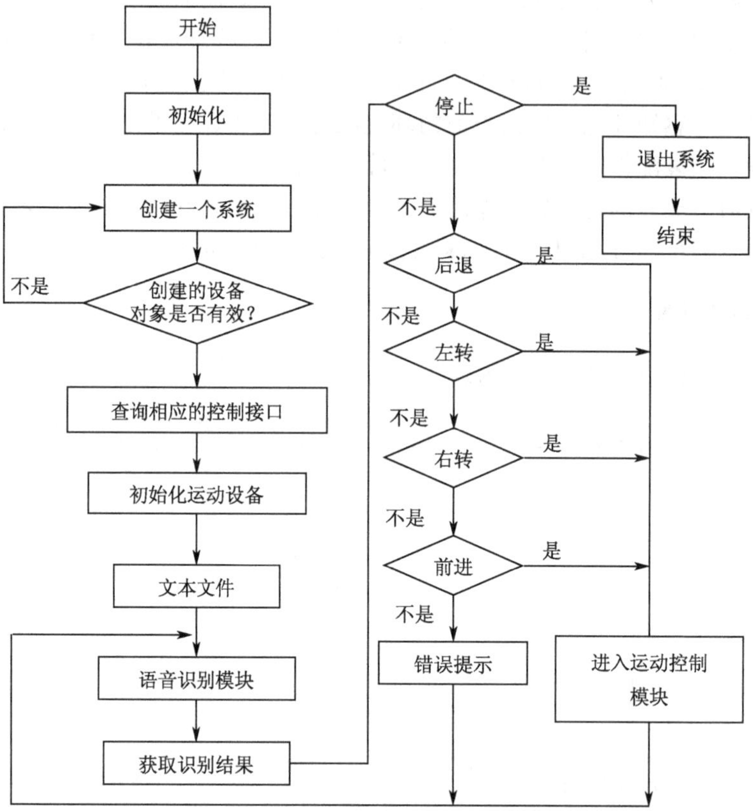

图 6-3　语音控制机器人的总体流程图

从图 6-3 可以看出，机器人语音控制系统的流程是：首先创建代表机器人实体的“系统”和代表机器人物理设备的“设备”。初始化相应参数之后，通过接口程序向非特定人语音识别模块发送语音识别请求。非特定人语音识别模块处理结束后，又通过接口程序读取语音识别结果。主程序判断识别结果并转入运动控制模块控制机器人执行相应动作。

6.4　控制程序设计

在机器人运动控制主程序设计中，需导入运动控制板卡提供的 API（本文为 GT400. dll），这可以通过在 Visual Studio . NET 中利用 DllImport 属性导入动态链接库来完成，然后在程序中逐一声明要用到的具体的函数，即

```
[DllImport("GT400.dll")]
```

```
private static extern short GT_Open();//打开运动控制器设备
[DllImport("GT400.dll")]
private static extern short GT_ Axis(i);//设置 i 轴为当前运动轴
```

同样,也可以用这种方式调用操作系统的 DLL 函数库,如:

```
[DllImport("kernel32.dll")]
private static extern void Sleep(long ms);//使处理机休眠设定的时间
```

导入运动控制的动态链接库后，就可以编写一个 Windows Form 风格的控制程序了，以下是运动控制主程序的 C＃代码：

```
public void shaftmove(string para,int cont)
//para 参数代表轴号,cont 代表速度值
{
switch(para)
{
case"initialize":    //系统初始化
{
GT_Open();//打开运动控制器设备
GT_Reset();//复位运动控制器
Sleep(200);//使处理机休眠设定的时间
for(i=1;i<5;i++)
{
GT_Axis(i);//设置某运动轴为当前轴
GT_SetIntrMsk(0);//设置当前轴中断屏蔽字
}
GT_LmtSns(255);
for(i=1;i<5;i++)
{
GT_Axis(i);
GT_StepDir();//设置当前轴在脉冲输出模式下的输出方式为"脉冲+方向"方式
GT_PrflT();//设置当前轴的运动模式为速度梯形曲线模式
GT_Update();//当前轴参数更新
GT_SetAcc(0.1);//设置当前轴的加速度
GT_SetVel(1);//设置当前轴的速度
GT_SetPos(0);//设置当前轴的目标位置
GT_Update();
GT_ClrSts();//清除当前轴状态
}
break;
}
```

```
case"onservo":     //开伺服
{
for(i = 1;i<5;i+ +)
{
GT_Axis(i);
GT_AxisOn();//使当前轴处于工作状态
Sleep(50);
}
break;
}
case"stop":          //停止运动
{
for(i = 1;i<5;i+ +)
{
GT_Axis(i);
GT_SmthStp();//平滑停止当前轴的运动
GT_Update();
}
break;
}
case"offservo":          //关伺服
{
for(i = 1;i<5;i+ +)
{
GT_Axis(i);
GT_AxisOff();
Sleep(50);
}
break;
}
case"exit":          //退出
{
GT_Close();//关闭运动控制器设备
break;
}
case "shaftXleft":          //轴 1 左移
{
GT_SetVel(cont);
```

```
GT_Axis(1);
X_Pos = X_Pos-1000000;      //移动脉冲数设为 1000000
GT_SetPos(X_Pos);
GT_Update();
break;
}
case "shaftXright": //轴 1 右移
{
GT_SetVel(cont);
GT_Axis(1);
X_Pos = X_Pos + 1000000;
GT_SetPos(X_Pos);
GT_Update();
break;
}
..........................
case "openhand":      //开手爪
{
GT_ExOpt(2);//2 表示开手爪的参数
break;
}
case "offhand":      //关手爪
{
GT_ExOpt(1);//1 表示关手爪的参数
break;
}
}
}
```

程序运行的主界面如图 6-4 所示。

点击界面上的每个按钮都会触发相应的事件，进而调用后台编写好的功能类来完成相应的操作。例如，首先要对机器人进行初始化和上伺服操作，实现代码是

初始化操作：

```
private void btnFirst_Click(object sender, System.EventArgs e)
        {
            string str = "initialize";
            shaftmove(str,4);
            this.btnOnServer.Visible = true;
        }
```

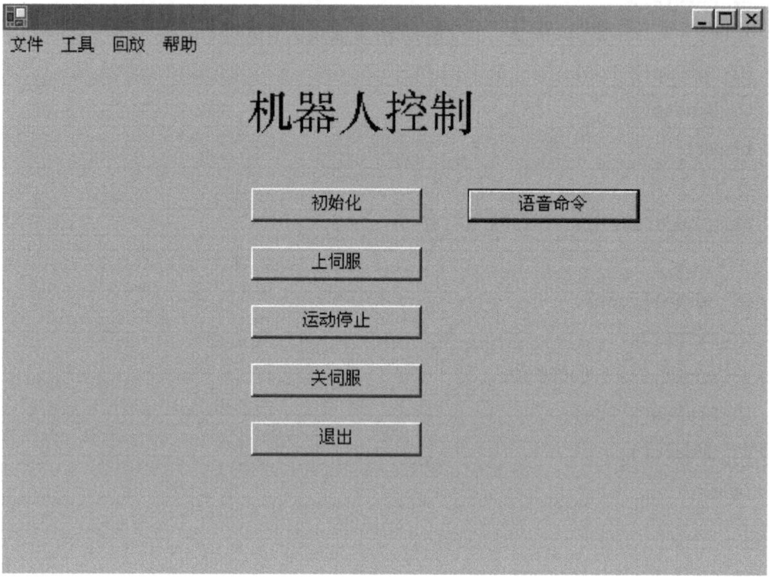

图 6-4　机器人操作界面

上伺服操作：

```
private void btnOnServer_Click(object sender, System.EventArgs e)
        {
            string str = "onServer";
            shaftmove(str,4);
            this.btnOffServer.Visible = true;
            this.btnStop.Visible = true;
        }
```

这两个操作完成后，机器人就处于等待语音命名的状态，只要客户端有语音命令发送过来它就会接收，并作相应的处理。

6.5　语音命令的生成

用户发出语音命令，通过 Dialogic 语音采集卡传给计算机中的语音识别程序，识别程序对其进行识别，然后转换成机器人能够理解的命令参数，再通过网络传送到控制程序，就实现了语音控制机器人。识别过程如图 6-5。

当语音识别程序和语音通道就绪后，语音客户端不停的监听有没有用户输入语音命令，如果有用户输入，就通知应用程序和系统接电话，同时，识别客户端会播放第一个提示，呼叫者作出反应。对 TTS 转换，识别客户端将要合成的语音通过一个套接字发送到 TTS 服务器，并接收回传的文本。为识别呼叫方的反应，识别客户端向资源管理器发送服务器请求（同时缓存音频数据），资源管理器将识别客户端指向最合适的识别服务器。客户端向识别服务器发送一条识别请求。每个请求由音频流和对应的语法条目组成。识别服务器接收到请求后，执行识别任务，然后将识别结果返回给识别客户端，最后响应用户[40]。

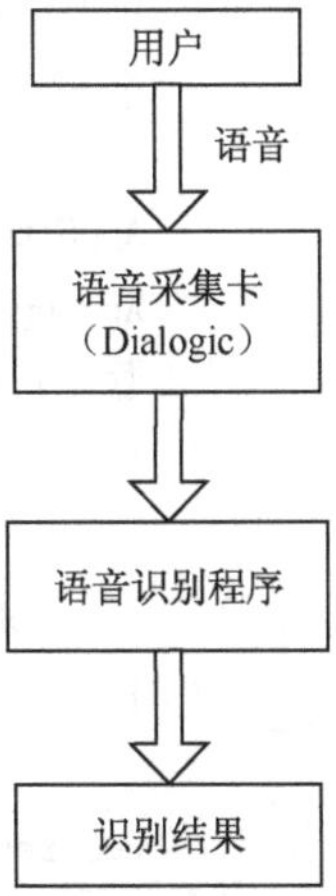

图 6-5　语音识别流程图

在本系统中，识别的语法条目保存在 grammar 文件夹下的一个名为 test.grammar 的文件中，它的内容如图 6-6。

从图 6-6 的语法定义规则中可以看出，它的定义是按照汉语拼音规则，将每个音和其对应的声调同时定义，并在它的后面加上一个对应的命令数值，以便在程序中使用。

```
Mainmenu
[
(yi1 ?[(hao4)] ?[(zhou2)] ?[(xiang4)] zuo3 ?[(zhuan4)]) {<command 1>}
(yi1 ?[(hao4)] ?[(zhou2)] ?[(xiang4)] you4 ?[(zhuan4)]) {<command 2>}
(er4 ?[(hao4)] ?[(zhou2)] ?[(xiang4)] zuo3 ?[(zhuan4)]) {<command 3>}
(er4 ?[(hao4)] ?[(zhou2)] ?[(xiang4)] you4 ?[(zhuan4)]) {<command 4>}
(san1 ?[(hao4)] ?[(zhou2)] ?[(xiang4)] zuo3 ?[(zhuan4)]) {<command 5>}
(san1 ?[(hao4)] ?[(zhou2)] ?[(xiang4)] you4 ?[(zhuan4)]) {<command 6>}
(si4 ?[(hao4)] ?[(zhou2)] ?[(xiang4)] zuo3 ?[(zhuan4)]) {<command 7>}
(si4 ?[(hao4)] ?[(zhou2)] ?[(xiang4)] you4 ?[(zhuan4)]) {<command 8>}
]
```

图 6-6　识别语法定义

详细的语音识别程序 C++代码如下：

```
void state_mainmenufun(App *app)
{
    FILE *fp;
    fp = fopen("c:\test.txt","r+");
    char a = '1';
    char b = '2';
    char c = '3';
    char d = '4';
```

```
NLResult * nl_result;
RecResult * rec_result;

AppSetGrammar(app, "Mainmenu");
AppAppendPrompt (app, "mainmenu. wav");
if ( ! AppRecognize(app)) /* RECOGNITION */
{
    printf("not successful! ");
    return;
}

rec_result = AppGetRecResult(app);
nl_result = AppGetNLResult(app);

int confidence ,conf;
status001 = NLGetIntSlotValue (nl_result, "command", &command);
int count;
status002 = RecResultNumAnswers(rec_result,&count);
f (status002 = = NUANCE_OK)
    printf("result is successful!\n");
else
    printf("result is't successful!\n");

printf(" % d",count);
char * comm = "command";
status002 = RecResultWordConfidence(rec_result,0,0,&confidence);
if (status002 = = NUANCE_OK)
    printf("confidence is successful!\n");
else
    printf("confidence is't successful!\n");

printf("confidence is % d\n",confidence);
if(status001 = = NUANCE_OK)
{
    if (command = = 2)
    {
    fwrite(&a,sizeof(char),1,fp);
    printf(" % s","it is 2");
```

```
    fclose(fp);
    AppAppendPrompt(app,"2.wav");
    AppGoto(app,STATE_MAINMENU);
}

else if(command == 1)
{
    fwrite(&b,sizeof(char),1,fp);
    printf("%s","it is 1");
    fclose(fp);
    AppAppendPrompt(app,"1.wav");
    AppGoto(app,STATE_MAINMENU);
}
else if(command == 3)
{
    fwrite(&c,sizeof(char),1,fp);
    printf("%s","it is 3");
    fclose(fp);
    AppAppendPrompt(app,"3.wav");
    AppGoto(app,STATE_MAINMENU);
}
else if(command == 4)
{
    fwrite(&d,sizeof(char),1,fp);
    printf("%s","it is 4");
    fclose(fp);
    AppAppendPrompt(app,"4.wav");
    AppGoto(app,STATE_MAINMENU);
}
else if(command == 11)
{
    fwrite("11",sizeof(char),2,fp);
    printf("%s","it is 11");
    fclose(fp);
    AppAppendPrompt(app,"11.wav");
    AppGoto(app,STATE_MAINMENU);
}
else if(command == 12)
```

```
        {
            fwrite("12",sizeof(char),2,fp);
            printf(" %s","it is 12");
            fclose(fp);
            AppAppendPrompt(app,"12.wav");
            AppGoto(app,STATE_MAINMENU);
        }
        else if(command == 13)
        {
            fwrite("13",sizeof(char),2,fp);
            printf(" %s","it is 13");
            fclose(fp);
            AppAppendPrompt(app,"13.wav");
            AppGoto(app,STATE_MAINMENU);
        }
        else if(command == 14)
        {
            fwrite("14",sizeof(char),2,fp);
            printf(" %s","it is 14");
            fclose(fp);
            AppAppendPrompt(app,"14.wav");
            AppGoto(app,STATE_MAINMENU);

        }
    }
        fclose(fp);
        AppGotoSelf(app);
        return;
    }
```

从上面的代码中可以看出，识别的结果是以数值的方式存放在一个文本文件中，机器人端的控制程序读取这个文本文件就可以得到控制参数，从而达到控制机器人的目的。

为了验证语音识别的结果是否正确，我们开发了一个测试程序，就是将识别的结果以图片的方式显示出来。例如，当说向左时，就有一张标有左箭头的图片出现。

具体的实现代码如下：

```
void CPictureDia::OnTimer(UINT nIDEvent)
{
```

```
// TODO: Add your message handler code here and/or call default

FILE * fp, * fp1;
fp = fopen("c:\\test.txt","r+");
fp1 = fopen("c:\\test.txt","r+");
char a[2];
char * b = "0";
fread(&a,sizeof(char),2,fp);
if(a[0] == '1'&& a[1] == '1')
{
    //MessageBox("2");
    //MessageBox("11");
    fwrite(b,sizeof(char),1,fp1);
    flag = 11;
    SetDlgItemText(IDC_OPEN,"14.51");
    SetDlgItemText(IDC_TOP,"14.51");
    SetDlgItemText(IDC_BOTTOM,"14.18");
    SetDlgItemText(IDC_END,"14.39");
    Invalidate();
}
else if(a[0] == '1'&& a[1] == '2')
{
    //MessageBox("12");
    fwrite(b,sizeof(char),1,fp1);
    flag = 12;
    SetDlgItemText(IDC_OPEN,"15.55");
    SetDlgItemText(IDC_TOP,"15.61");
    SetDlgItemText(IDC_BOTTOM,"15.02");
    SetDlgItemText(IDC_END,"15.21");
    Invalidate();
}
else if(a[0] == '1'&& a[1] == '3')
{
    //MessageBox("13");
    fwrite(b,sizeof(char),1,fp1);
    flag = 13;
    SetDlgItemText(IDC_OPEN,"9.51");
    SetDlgItemText(IDC_TOP,"9.51");
```

```
        SetDlgItemText(IDC_BOTTOM,"9.25");
        SetDlgItemText(IDC_END,"9.30");
        Invalidate();
    }
    else if(a[0] = ='1'&& a[1] = = '4')
    {
        //MessageBox("14");
        fwrite(b,sizeof(char),1,fp1);
        flag = 14;
        SetDlgItemText(IDC_OPEN,"7.59");
        SetDlgItemText(IDC_TOP,"7.67");
        SetDlgItemText(IDC_BOTTOM,"7.52");
        SetDlgItemText(IDC_END,"7.64");
        Invalidate();
        }
void CPictureDia::OnPaint()
{
    CPaintDC dc(this); // device context for painting
    // TODO: Add your message handler code here
    CDC *draw,memdc;
    draw = this->GetDC();
    CBitmap bitmap;
    memdc.CreateCompatibleDC(draw);
    switch (flag)
    {
    case 11:
        bitmap.LoadBitmap(IDB_BITMAP1);
        memdc.SelectObject(&bitmap);
        draw->BitBlt(0,0,10000,10000,&memdc,0,0,SRCCOPY);
        break;
    case 12:
        bitmap.LoadBitmap(IDB_BITMAP2);
        memdc.SelectObject(&bitmap);
        draw->BitBlt(0,0,10000,10000,&memdc,0,0,SRCCOPY);
        break;
    case 13:
        bitmap.LoadBitmap(IDB_BITMAP3);
        memdc.SelectObject(&bitmap);
```

```
            draw->BitBlt(0,0,10000,10000,&memdc,0,0,SRCCOPY);
            break;
        case 14:
            bitmap.LoadBitmap(IDB_BITMAP4);
            memdc.SelectObject(&bitmap);
            draw->BitBlt(0,0,10000,10000,&memdc,0,0,SRCCOPY);
            break;
        case 15:
            bitmap.LoadBitmap(IDB_BITMAP5);
            memdc.SelectObject(&bitmap);
            draw->BitBlt(0,0,10000,10000,&memdc,0,0,SRCCOPY);
            break;
    default:
            break;
        }
}
```

上述测试程序的运行结果如图 6-7 所示。

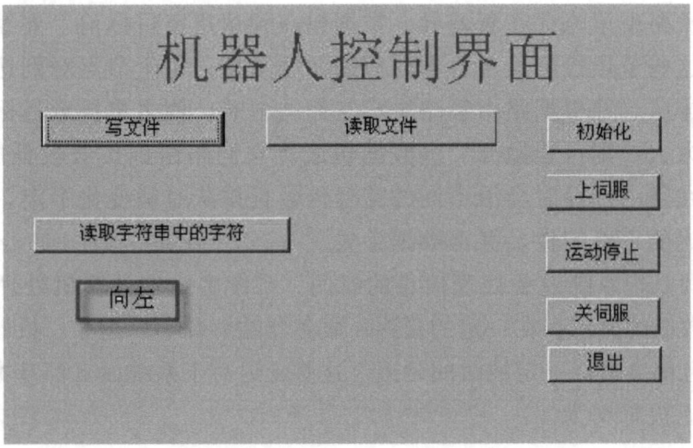

图 6-7　测试程序运行结果

通过前面的分析和设计，我们对在 Nuance 语音识别平台上开发机器人控制程序有了初步的认识，但实践证明基于语音识别的远程机器人控制系统目前还存在着一些问题，制约了系统的推广和应用。最为突出的问题就是系统存在时间延迟，使控制系统的实时性受到影响。因此，本章有必要对上述问题的产生机理作进一步的分析和探讨，以便采取相应的措施消除或削弱这些因素的影响，提高语音控制系统的实时性和可靠性。

6.6 系统延迟分析

在语音远程控制系统中，当用户从客户端发出指令后，远端的机器人并不能立即作出响应，而是需要等待一定时间，并且这种延迟没有规律，很难用现有的控制方法或算法加以预测。通过对远程控制系统的分析可知，整个系统控制回路都存在着不同程度的延迟。分析归纳起来，系统总的延迟时间 T 主要是由以下几个延迟时间叠加而成，即通信延迟 T_c、执行延迟 T_p、数据延迟 T_d 和扰动延迟 T_v，所以

$$T = T_c + T_p + T_d + T_v \tag{6-1}$$

其中，通信延迟 T_c 包括通信初始化时间和在介质中的传输时间；执行延迟 T_p 包括控制指令的解释、计算、执行时间等；数据延迟 T_d 包括控制指令和图像等数据的传输时间；扰动延迟 T_v 主要指传输中不可预测的扰动，如信息丢失或信息次序的混乱。在以上的各类延迟时间中，有些是固定不变的，有些是不可预测的。

系统通信延迟产生于信号传输的介质当中。一般来说，距离的远近对传输时间有一定的影响，但不是主要的。影响通信延迟的主要因素是信号经过网络节点的数目。网络上有大量的使用者，并且在连接通路上的计算机的吞吐量、数据包调度策略以及路由策略存在着差异。数据包在到达指定目标前，要经过很多节点(计算机)。这些节点控制着来自不同数据源的数据。每个节点对到达自己节点的数据包进行排队，并根据路由策略决定它们的去向，使之更接近目标节点。如果此节点负载太大，则可能抛弃一些数据包或将它们路由到负载较低的服务器上。所以数据包在路由选择时会沿不同的路径传输且排队时间变化不定，从而导致了通信时间延迟的不确定性，甚至数据丢失。

执行时间是指系统设备处理信息的时间。系统客户端计算机处理用户数据的输入和反馈数据的显示存在一定的延迟；服务器端解释用户指令、机器人调用控制算法并执行也都会造成一定的时间延迟。这些延迟对于系统而言都基本固定不变。

数据延迟被定义为

$$T_d = (D_s + D_r)/v \tag{6-2}$$

其中，D_s，D_r 是发送或返回的数据总量；v 是传输速率，与介质有关。在网络上传输数据需要一个过程，所以必然存在延迟。影响数据延迟大小的因素是数据容量和网络带宽。扰动延迟的发生是随机的，因此也具有不确定性。

由此可见，要消除或削弱系统的延迟，需要对系统分别处理。一方面要提高系统设备的处理能力，减少数据传输量和动态响应特性；一方面还要改善网络环境。由于计算机处理能力已经不是引起系统延迟的主要因素，机器人的动态响应也已经达到了人们可以接受的范围，因此促进网络及其通信协议的发展、提高网络带宽，改善网络传输质量是解决远程控制系统延迟的有效途径。

第7章　基于 Web Services 的语音远程控制

7.1　引　　言

随着语音识别技术和互联网技术的发展，语音控制和远程控制越来越受到人们的重视，基于 Web Services 的语音远程控制技术已经成为机器人语音控制的一个新方向。如何将现代制造中的各种工业机器人设备以及信息家电等设备通过互联网与语音控制联系起来，从而拓宽控制系统的应用范围，一直是控制界急于解决的一个技术问题[41]。作为一种全新的网络控制模式，基于 Web Services 的语音远程控制从出现伊始就表现出强大的生命力，它有机融合了电话语音网络和计算机网络，以其特有的平台无关、支持分布式应用等特点赢得了许多技术专家和用户的青睐。

机器人语音识别即机器人听觉，是机器人通过接收人们的语音信号，识别出语音的具体含义，从而控制自身的动作。机器人听觉是机器人智能水平的一个重要标志。基于 Web Services 的机器人远程控制可以定义为人通过网络把自身的感觉器官在网络的另一端加以延伸，并对远距离的机器人进行操作，完成某个任务，使操作员产生一种"临场感"[42]。本章使用 CTI 技术和语音识别技术，通过 Web Services 组件封装不同的运动控制逻辑，在分布式网络应用基础架构上，实现语音远程控制工业机器人，改变了传统点到点式的机器人控制方式，可使更多的人通过网络来共享远端价格昂贵的机器人，就像是在现场亲自操作一样。这不仅仅为机器人远程控制提供了一种崭新的交互方式，而且为网络开辟了新的应用领域。

7.2　Web Services 技术

近年来，Web Services 作为一种新型的组件技术逐渐得到广泛应用。从外部使用者的角度来看，Web Service 是一种部署在 Web 上的中间件或对象，它对外暴露一组接口（即一组方法，Microsoft 称之为 Web Method），其他应用（包括 Web Services）可以通过通用的 Internet 协议远程调用这些方法，并获取返回值[43]。

Web Services 组件技术具有如下特点：

1）完好的封装性。Web Services 既然是一种部署在 Web 上的对象，自然具备对象的良好封装性，对于使用者而言，它能且仅能看到该对象提供的功能列表。

2）松散耦合。这一特征也是源于对象/组件技术，当一个 Web Services 的实现发生变更的时候，调用者是不会感到这一点的，对于调用者来说，只要 Web Services 的调用界面不变，Web Services 的任何变更对他们来说都是透明的，甚至当 Web Services 的实现平台从 J2EE 迁移到了 .NET 或者是相反的迁移流程，用户都可以对此一无所知。

3）使用标准协议规范。Web Services 所有的协议完全使用开放的标准进行描述、传输和交换。首先，Web Services 所提供的功能使用 Web 服务描述语言（Web Services description language，WSDL）来描述；其次，Web Services 是能够被发现的，因为这一描述文档被存储在私有的或公共的注册库（universal description，discovery and integration，UDDI）中。同时，Web Services 采用简单对象访问协议（simple object access protocol，SOAP）来调用。这三种协议的关系可参见图 7-1 所示的 Web Services 体系结构，其中，Web 服务的提供者使用WSDL描述 Web 服务；使用 UDDI 到服务注册中心去发布和注册相应的 Web 服务，服务的请求者可以通过 UDDI 进行查询，找到所需的 Web 服务后利用 SOAP 来绑定和调用这些服务。

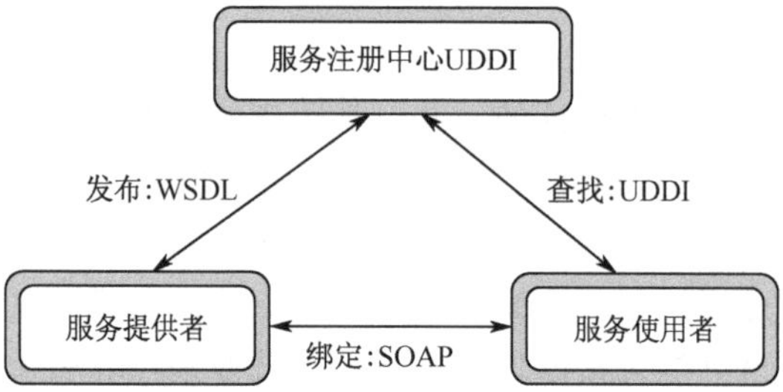

图 7-1　Web Services 的体系结构

4）高度集成能力。由于 Web Services 采取简单的、易理解的标准 Web 协议作为组件界面描述和协同描述规范，完全屏蔽了不同软件平台的差异，因此可以用一种标准的协议进行互操作，实现了在异构环境下的高度的集成能力。

尽管传统的分布式组件技术，如 DCOM（distributed component object model），CORBA（common object request broker architecture），EJB（enterprise java bean）等也能实现在 Web 上远程调用组件，而且它们都获得了很多企业和应用的支持，但是因为它们是由不同的公司或组织提出的，采用不同的接口和规范，所以它们彼此之间不能相互兼容，因而导致平台依赖性大，跨平台交互能力差，只能在对等体系结构间进行通信，如 CORBA 需要每个连接点都使用对象请求代理（object request broker，ORB），DCOM 需要每个连接点都使用Windows

平台，EJB 需要每个连接点都使用 Java，才能互相通信。Web Services 采用互联网上广泛使用的通用协议（如 HTTP）和数据格式（如 XML），解决了互操作问题，不论在何种平台上，不论用何种语言开发的客户端，只需了解 Web Services 的输入、输出和位置，就可以通过 HTTP 调用它。Web Services 本身也可以用任何语言开发，运行在任何平台上。

7.3　本体与语义 Web 服务

7.3.1　本体的概念

本体（ontology）是目前计算机科学领域内的研究热点。在计算机界，大多数人接受和认可的本体定义是："本体是共享的概念化（conceptual）的、显示（explicit）的、形式化（formal）的规范说明"[44]。很明显，本体的目标是：获取、描述和表示相关领域的知识，提供对该领域知识的共同理解，确定该领域内共同认可的词汇，并从不同层次的形式化模式上给出这些词汇（术语）和词汇间相互的明确关系，从而实现机器对语义的理解。领域本体为领域内的概念以及概念间广泛存在的各种关系提供了一种共享的信息描述，它作为领域内资源描述的知识基础，可以为资源描述提供丰富的语义注解，从而更好地搭建用户资源需求与资源描述之间的"桥梁"。

目前，本体理论在我国学术界已经引起了较为广泛的关注。许多专家、学者从各自专业领域出发对本体工程、本体的表述、转换、集成及其应用等进行了深入的研究。针对工业机器人控制领域来讲，研究的重点主要是如何更有效地进行知识的表示、组织和共享，以及构造模块化、知识化、个性化的本体，用它来描述机器人控制系统所涉及的各种参数对象。

7.3.2　语义 Web 服务

Web 服务是一种新兴的分布式计算技术，它针对服务的描述、服务注册、注册服务的动态发现、服务组织和访问等，引进 WSDL，SOAP，UDDI 等开放技术标准，提供了一个独立于实现平台和实现语言的松耦合集成支持环境。但是由于单个 Web 服务仅仅具有支持标准协议来进行简单交互的能力，因此其功能有限。另外，WSDL 只是给出了消息、操作、传输协议绑定等的语法层次的描述，不能描述操作之间的协调关系等语义特征，使 Web 服务之间不能真正地"理解"相互交互的内容，不能进行自动化处理。因此现有的 Web 服务技术仍难以满足机器人运动过程控制的集成需求。

语义 Web 服务（semantic Web service）的出现为以上问题提供了解决方法。利用语义 Web 服务的本体描述语言 OWL-S 进行 Web 服务语义描述及控制过程建模，把 Web 服务和控制过程有机地结合起来。这样不仅支持跨边界的协同控制，而且在本领域内有共同的语义基础和控制过程规范，增强了协同控制的集成能力和协调能力。因此国际上出现了应用本体论研究 Web 服务和 Web 过程方面的工作。美国国防部的 DAML-S 计划正尝试应用语义本体论研究 Web 服务，但在复杂服务过程方面的工作刚刚开始[45]。

图 7-2 是语义 Web 服务的过程，它与传统 Web 服务的最大不同是在底层增加了面向机器人控制的资源本体（OWL/RDF），可以为 Web 服务提供语义支持。这就可以在控制流程中按照语义信息实现 Web 服务的自动组合和编排，从而达到协同控制的目的[46]。

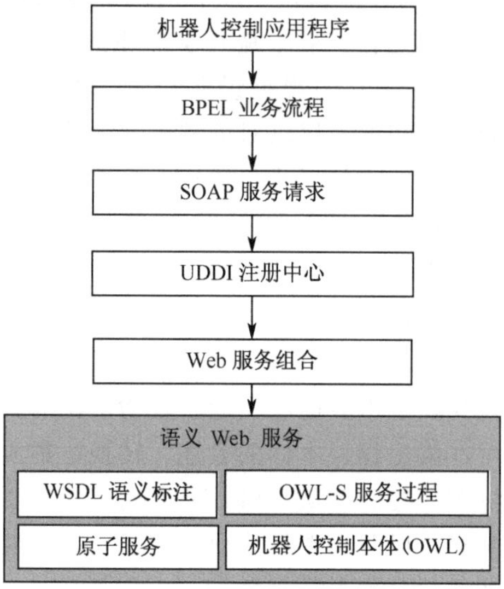

图 7-2　语义 Web 服务过程

7.4　基于 Web Services 的语音远程控制系统设计

基于 Web Services 的工业机器人控制系统的主要功能是把整个机器人控制系统划分为若干智能、自治的子系统，它们在物理位置上可以是分离的，可独立完成相应的控制任务，同时又可交换信息、相互协调，从而完成全局任务，其中，最关键的问题是系统的结构设计和 Web Services 之间的协作机制。一个 Web 服务需要对调用者作出迅速反应，同时需要与其他 Web 服务进行协调，发送消息，播报机器人动作逻辑和状态，并最终做出决策。

本章采用深圳固高公司生产的工业机器人作为控制对象。固高工业机器人是一个基于 PC 和 DSP 运动控制器的完全开放式机器人系统。用户使用固高工业机器人系统提供的基础硬件和软件，能够构造出具有各种特征的工业机器人应用系统和实验研究系统。

7.4.1　系统总体结构

本系统选择 Intel Dialogic/120 语音卡作为电话语音输入接口卡，选用北京捷通华声公司的 jTTS 中文语音合成软件作为 TTS 应答支持软件，选用美国 Nuance 公司的 Nuance ASR（automatic speech recognition）软件作为中文语音识别软件，选用固高四轴联动工业机器人作为控制对象，选用 Microsoft .NET 作为 Web Services 组件开发平台，使用 VC＋＋6.0 作为语音识别和呼叫中心的开发工具，最终完成一个语音远程控制演示系统。整个系统框架如图 7-3 所示。

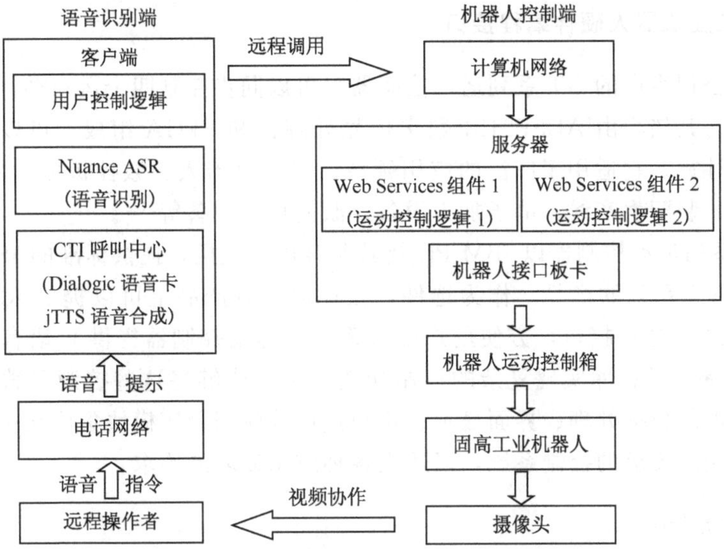

图 7-3　基于 Web Services 的语音远程控制系统总体结构

该系统的运行过程是：远程操作者拨打 CTI 呼叫中心电话，根据 jTTS 产生的语音提示发出控制指令，通过 Dialogic 语音卡处理后，由 Nuance ASR 进行语音识别，识别的结果转换为控制代码，通过用户控制程序传递给远程 Web Services 组件中的运动控制逻辑，然后调用机器人本地的接口驱动程序，通过主控制箱驱动机器人运动，操作者可通过摄像头传回的现场图像进行视频协作操作。

该系统的总体功能如下：

1）CTI 呼叫中心，完成电话语音数据的采集和模数转换（A/D）功能。

2）TTS 语音应答，实现欢迎致辞和语音提示功能。

3）语音识别，将操作者通过电话发出的语音控制指令识别为文字。

4）用户控制逻辑，调用远程 Web Services 组件，将控制指令（文字）传递给运动控制函数。

5）运动控制逻辑，通过 Web Services 组件中封装的方法调用机器人驱动 API，实现对机器人的运动控制。

6）实现机器人完整的运动步骤，即初始化—上伺服—操作—停止—关伺服—退出，同时实现运动速度和运动脉冲的设置。

7）实现多线程联动，提高控制的效率和实时性。

8）通过视频在 Internet 上反馈机器人运动的图像，进行实时视频协作。

9）实现安全管理，设计合理的用户账号及访问许可，使系统更安全。

7.4.2 工业机器人硬件编程接口

固高公司生产的 GT 系列运动控制器，可以同步控制四个运动轴，实现多轴协调运动。其核心由 ADSP2181 数字信号处理器和 FPGA 组成，可以实现高性能的控制计算。它适用于广泛的应用领域，包括机器人、数控机床、木工机械、印刷机械、装配生产线、电子加工设备、激光加工设备等[47]。

GT 系列运动控制器以 IBM-PC 及其兼容机为主机，提供标准的 ISA 总线和 PCI 总线两个系列的产品。作为选件，在任何一款产品上可以提供 RS232 串行通信和 PC104 通信接口，方便用户配置系统。运动控制器提供 C 语言函数库和 Windows 动态链接库实现复杂的控制功能。用户能够将这些控制函数与开发控制系统所需的数据处理、界面显示、用户接口等应用程序模块集成在一起，建立符合特定应用要求的控制系统，以适应各种应用领域的要求。

1. 控制命令

（1）设置当前轴

运动控制器可以同时控制四个控制轴，并且各控制轴可以独立设置参数。为了提高主机与运动控制器的通信效率，运动控制器采用控制轴寻址的策略。用户程序调用的单轴命令，都是作用于当前轴的。运动控制器默认的当前轴为第一轴。要想对其他轴发送命令，首先要调用设置当前轴命令：short GT _ Axis (unsigned short num)。GT _ Axis()将参数指定轴设置为当前轴。此后调用的单轴命令都是针对当前轴，直到再次调用该函数将当前轴设置为另一个轴。参数 num 表示指定的轴号，在 1～4 四个数中取值，分别代表第一～第四轴。

（2）设置输出“脉冲＋方向”/“正负脉冲”

对于 SG，SE，SD 卡以及工作在脉冲输出模式下的 SV 卡，默认情况下，控制器输出“脉冲＋方向”信号。用户可以调用函数 GT _ StepPulse 设置控制器输出“正负脉冲”信号；调用函数 GT _ StepDir 设置控制器输出“脉冲+方向”信号。

（3）设置输出模拟量/脉冲量（以下说明针对 SV 卡）

SV 控制器既可以输出模拟量，也可以输出脉冲量（不可同时输出）。控制器默认输出为模拟量。用户可以调用函数：short GT _ CtrlMode（int mode），设置输出模式。参数 Mode：0 表示为模拟量输出模式，1 表示为脉冲输出模式。当输出设置为脉冲量时，可用 GT _ StepDir 和 GT _ StepPulse 设置输出方式，控制器默认输出为脉冲/方向模式。

（4）设置 SV 运动控制器的闭环/开环方式

调用 GT _ CloseLp()命令，当前轴工作在闭环方式，运动控制器将当前规划的运动位置、速度、加速度送入数字伺服滤波器，与反馈的实际位置进行比较获得控制输出信号。这种方式能够实现准确的位置控制。SV 运控器的默认控制方式为闭环控制方式。

调用 GT _ OpenLp()命令，当前轴工作在开环方式，允许主机通过 GT _ SetMtrCmd()命令直接设置运动控制器的控制轴输出信号。这种方式主要用于只需转矩控制的运动或标定驱动器，运动控制器无法实现准确的位置控制。

（5）单轴运动

运动控制器针对单轴运动提供 4 种运动控制模式：S-曲线模式、梯形曲线模式、速度控制模式、电子齿轮模式。某一种运动模式设定后，该轴将保持这种运动模式，直到设置新的运动模式为止。对于各模式之间的切换，除电子齿轮模式之外，其他模式必须是在当前轴运动完全停止的情况下进行。否则命令将被视为非法，控制器设置命令出错状态标志。控制器中不同的轴可以工作在不同的运动模式下。对于不同的运动控制模式，需要设置不同的运动参数。

（6）多轴协调运动

运动控制器可以实现两种轨迹的多轴协调运动：直线插补、圆弧插补。描述复杂的多轴协调运动轨迹的最简单的方法是利用坐标系，在坐标系内能够方便地描述运动对象的运动轨迹。因此，多轴协调运动又称为坐标系运动，多轴协调运动模式又称为坐标系运动控制模式。运动控制器通过坐标映射将控制轴由单轴运动控制模式转换为坐标系运动控制模式。在坐标系运动控制模式下，可以实现单段轨迹运动，多段轨迹连续运动。运动控制器开辟了底层运动数据缓冲区，可以实现多段轨迹快速、稳定的连续运动。

运动控制器利用一个四维坐标系（*X*-*Y*-*Z*-*A*），描述直线、圆弧插补轨迹，其中，在使用圆弧插补命令时，*X*-*Y*-*Z* 三个轴构成图 7-4 所示的右手坐标系。用户也可以只利用二维（*X*-*Y*）或三维（*X*-*Y*-*Z*）坐标系描述运动轨迹。

用户通过调用 GT _ MapAxis()命令将在坐标系内描述的运动通过映射关系

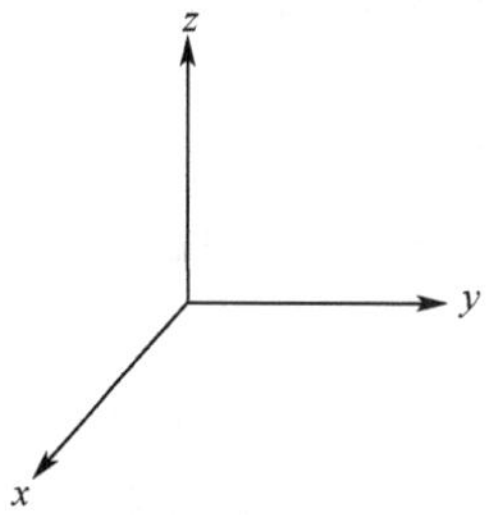

图 7-4 右手坐标系

映射到相应的轴上。从而建立各轴的运动和要求的运动轨迹之间的运动学传递关系。运动控制器根据坐标映射关系，控制各轴运动，实现要求的运动轨迹。调用 GT _ MapAxis () 命令时，所映射的各轴必须处于静止状态。

坐标映射命令函数原型是 short GT _ MapAxis (short Axis _ Num，double * map _ count)。Axis _ Num 为轴号（1，2，3 或 4），调用坐标映射命令以后，该轴工作于坐标运动模式。该轴的实际位置记为 Axis _ N，单位是脉冲。数组 map _ count 包括五个元素，顺次记为 Cx，Cy，Cz，Ca，C，坐标轴 X，Y，Z，A 所对应的相应坐标记为 x，y，z，a。上述函数描述的映射关系能够简单地描述成下面的计算公式：

$$\text{Axis\_}N = Cx \times x + Cy \times y + Cz \times z + Ca \times a + C \tag{7-1}$$

由此可以看出被映射的控制轴的运动是坐标 x，y，z，a 的线性组合。

2. 命令返回值及其意义

运动控制器是按照主机发送的运动控制命令工作的。运动控制器配套有 C 语言函数库（DOS 环境）和 DLL 动态链接库（Windows 环境）。用户通过编制程序调用相应的库函数，可以向运动控制器发出运动控制命令。对于用户通过主机发送的命令，运动控制器在检查和校验后给出一个反馈[14]。这个反馈就是命令（库函数）的返回值。返回值的定义如表 7-1 所示。

表 7-1 返回值定义

返回值	意义	处理方法
−1	通信出错	检查运动控制器是否工作正常
0	命令执行成功	继续
1	命令错误	调用 GT _ GetCmdSts()命令，确定出错原因，予以改正
2	圆弧插补半径不正确	该返回值只可能出现在 GT _ ArcXY，GT _ ArcYZ，GT _ ArcZX 命令发送后。检查该命令的参数，改正后重发此命令
3	直线插补长度为零或超出控制器处理范围	该返回值只可能出现在 GT _ LnXY，GT _ LnXYZ，GT _ LnXYZA 命令发送后。检查该命令的参数，改正后重发此命令
4	坐标运动模式下，（加）速度为零或负数或超出控制器处理范围	该返回值只可能出现在 GT _ SetSynVel，GT _ SetSynAcc 命令发送后。检查该命令的参数，改正后重发此命令

续表

返回值	意义	处理方法
5	圆弧终点或半径描述错误	该返回值只可能出现在 GT _ ArcXYP，GT _ ArcYZP，GT _ ArcZXP 命令发送后。检查该命令参数是否正确合理，改正后重发
6	坐标映射失败	该返回值只可能出现在 GT _ MapAxis 命令发送后。检查坐标映射是否正确，或者是否与以前已经执行的坐标映射指令相矛盾，改正后重发
7	一般参数错误	检查该命令的参数是否合理或者是否超出限值，改正后重发此命令

如果命令返回值为－1，而且重复调用该命令多次仍返回－1，说明运动控制器的通信出现故障，运动控制器没有正确地接受主机的命令；或是运动控制器软件工作不正常，不能正确处理主机命令。此时应停止程序运行，做相应的处理措施。如果命令返回值为 1，表示主机发出的命令错误，运动控制器忽略这些非法运动命令。如果是多轴协调运动命令出错，将引起多轴协调运动状态字的 bit3 置位；如果该命令是单轴运动命令出错，将引起当前轴状态字的 bit7 置位。同时，运动控制器的命令状态寄存器提供命令出错的详细原因，主机可通过调用命令 GT _ GetCmdSts()得到命令出错的原因。

3. 返回值处理函数

有些情况下，根据自己的控制要求，可以编制相应的返回值处理函数。下面为采用的一段返回值处理函数的代码：

```
void error(short rtn) //返回值处理函数,rtn 为函数的返回值
{
switch (rtn)
{
  case - 1:
  printf("error: communciation error\n"); break;
  case 0:
  break;  //no error,continue
  case 1:
  printf("error: command error\n"); break;
  case 2:
  case 3:
  case 4:
  case 5:
```

```
            case 6:
            printf("error: map is error\n"); break;
            case 7:
            printf("error: parameter error\n"); break;
            default:
            break;
        }
    }
```

4. 命令错误寄存器

运动控制器的命令状态寄存器提供命令出错的详细原因，主机可通过调用命令 GT_GetCmdSts () 得到命令出错的原因。该寄存器为一个 16 位寄存器，其中，bit0～bit11 主要针对面向控制轴的命令，bit12～bit15 则反映面向坐标系命令出错的原因，它们定义如表 7-2 所示。

表 7-2 命令错误寄存器定义

位	定 义
bit0	1：表示命令输入的控制参数溢出，产生该出错标志的命令有 GT_SetPos，GT_SetVel，GT_SetAcc，GT_SetAtlPos 等
bit1	1：表示命令输入的控制参数非法，产生该出错标志的命令有 GT_SetVel，GT_SetAcc，GT_SetJerk，GT_SetMAcc，GT_SetMtrLmt，GT_SetKp，GT_SetKi，GT_SetKd，GT_SetKvff，GT_SetKaff，GT_SetILmt，GT_SetPosErr 等
bit2	1：表示主机发送 GT_MltiUpdt (value)命令而 value=0
bit3	1：表示 GT_DrvRst 命令使用非法。当前轴在伺服使能状态时，主机发送该命令将产生出错标志
bit4	1：表示当控制器没有事件中断产生，而主机发送与中断有关的命令
bit5	(空)
bit6	1：表示当前轴正在运动时，主机发送修改当前轴的工作模式命令（当前轴处于电子齿轮模式时除外）
bit7	1：表示当前轴状态寄存器的位置捕获完成标志为 1，或已经设定了 GT_CaptIndex(GT_CaptHome)命令但位置尚未捕获到时，而主机又发送了 GT_CaptIndex 命令
bit8	1：表示当前轴状态寄存器的位置捕获完成标志为 1，或已经设定了 GT_CaptIndex(GT_CaptHome)命令但位置尚未捕获到时，而主机又发送了 GT_CaptHome 命令
bit9	1：表示当前轴状态寄存器的驱动器报警标志为 1 时，主机发送 GT_AxisOn 命令
bit10	(空)

续表

位	定 义
bit11	1：当前轴状态寄存器中“运动状态标志"为 1 时，主机发送 GT _ ZeroPos 命令，该标志位置“1”；在当前轴运动模式为速度控制模式时，主机发送 GT _ SynchPos 命令并使其生效，该标志位置“1”；当前轴的状态寄存器中“运动状态标志”为 1 时，用 GT _ Update 或 GT _ MltiUpdt 修改当前轴控制参数，而这些参数在当前运动模式下是不允许被修改的（如在 S-曲线运动模式下，在电机运动中，主机发送 GT _ SetVel 命令并发送 GT _ Update 或 GT _ MltiUpdt）
bit12	1：表示面向坐标系的命令非法。包括： 建立坐标系时，所映射的物理轴正在运动； 缓冲区命令执行状态时，调用 GT _ StrtMtn 命令； 缓冲区命令执行状态时，调用 GT _ StrtList 命令； 缓冲区命令输入状态时，调用 GT _ AddList 命令； 立即命令输入执行状态，运动未完成时，调用新的运动描述命令
bit13	1：表示调用 GT _ MvXY，GT _ MvXYZ，GT _ MvXYZA 命令出错
bit14	（空）
bit15	1：表示缓冲区满。此时由于运动控制器缓冲区满，刚刚调用的运动描述命令没有被运动控制器接收，主机需要继续重复调用此命令，直至运动控制器接收该命令为止

7.4.3　基于 Web Services 的控制软件设计

1. 总体思路

把机器人运动控制模块 Web Services 组件部署在 Internet 上，并注册到 UDDI，暴露机器人控制的接口方法，使不同的操作者可以在任何平台上通过 Internet 控制机器人。在本系统中，采用 VC6.0 开发了 Web Services 的调用客户端，把客户端的控制信号（即语音识别生成的文字）以 string 类型的参数形式传递给 Web Services 中的方法，让 Web Services 调用机器人运动控制卡的库函数（在本系统中是 GT400.dll)，达到驱动机器人的目的。Web Services C＃采用 .NET 开发，在 .NET Framework 中直接对工业机器人接口板卡进行底层硬件编程是一个技术难点。本项目采用互操作（DllImport）的方式，在 Web Services 组件中引入运动控制器驱动接口 API 的 DLL 函数库，可以解决这一问题。另外，有关语言识别和语音命令的生成等内容在第 6.5 节已经讨论，本章将不再阐述。

2. 调用运动控制 API

在 Web Services 模块中声明名字空间 using System. Runtime. InteropServices，然后再运用该名字空间中的属性函数 DllImport 导入运动控制器的 API 函数库，即 DllImport（“GT400. dll”），接着再一一声明库函数中要用到的具体的函数，就可以使用运动控制 API 了。代码如下：

```
[DllImport("GT400.dll")]
private static extern short GT_Open();//打开运动控制器设备
[DllImport("GT400.dll")]
private static extern short GT_ Reset();//复位运动控制器设备
```

3. Web Services 的设计

以下是 Web Services 模块的主要代码，调用了机器人运动控制动态链接库中的函数，对外提供了可调用的方法［Web Method］。客户端程序通过“添加 Web 引用”建立与 Web Services 的联系。编译后，系统根据 Web Services 的 WSDL 文件自动在客户端本地生成 Web Services 的代理类。客户端程序可以像使用本地对象一样使用代理类对象，由代理类对象负责与实际的远程 Web Services 以 SOAP 协议进行通信，然后 Web Services 完成相应的控制逻辑。当客户端程序提供轴号和运动速度参数后，就能有效使用此 Web Services 组件。在这个过程中，如何发送调用请求，传输请求信息，解析请求信息，执行实际代码，返回请求结果的步骤都被很好地封装起来，程序设计者只需考虑要传递什么请求和如何处理请求结果就足够了[48]。

```
[Web Method]
public void shaftmove (string para, int cont)
    //para 参数代表轴号,cont 代表速度值
{
  switch(para)
  {
    case"initialize": //系统初始化
    {
      GT_Open();//打开运动控制器设备
    …… //此处代码省略,与第 6 章 6.4 节相同
    }
    case "offhand": //关手爪
    {
      GT_ExOpt(1);//1 表示关手爪的参数
      break;
    }
    case "commandbatch":      //从文本文件中调出指令进行批处理
    {
```

```
        ……}
      case "movetogether":      //联动
      {
        ……}
          }
      }
```

4. 指令批处理功能的实现

在 Web Services 组件中还封装了指令批处理功能，实现方法是：将一串连续的控制指令和参数存储在一个文本文件 control. txt 中，并用 System. IO 名字空间中的 File. OpenText 打开 control. txt，然后在 Web Services 模块中引入 System. Text. RegularExpressions，用 StreamReader 函数中的 ReadLine 方法按行读取出控制指令和参数，再进行行内参数分离（Regex. Split）和格式转换（UInt16. Parse）。主要代码如下：

```
reader = File.OpenText("C://control.txt");
string line;
string[] words;
ushort para1,para2;
while((line = reader.ReadLine())! = null)
{
  words = Regex.Split(line,",");
  para1 = UInt16.Parse(words[0]);
  para2 = UInt16.Parse(words[2]);
  GT_Axis(para1);
  if(words[1] = = " + ")
    pos = pos + para2;
  else
    pos = pos - para2;
  GT_SetPos(pos);
  GT_Update();
}
```

5. 多线程方法实现多轴联动

关于线程和进程，在操作系统中是这样定义的：

1）进程（process）。应用程序执行的实例。

2）线程（thead）。一个进程内的执行路径。

进程有两个本质特征：

1）进程是资源拥有的基本单位——每个进程都分配有一个虚拟地址空间，用来保存进程的映像，随着时间的推移，可以为进程指派各类资源，如内存和其他资源控制等。

2）进程是分派调度任务的基本单位——一个进程可以认为是一个或多个程序运行过程的执行路径，一个进程执行的全过程可以与另外一些进程相重叠或交替，因此一个进程有执行的状态和优先权。同时，进程是操作系统进程调度与分派的一个实体。

一些现代的操作系统为了能更好地区分上述两个特征，采用了多线程的工作方式。这时把上述的第二个特征，即任务的分派与调度单位称为线程或轻量级进程，而保持第一个特征，即资源拥有的基本单位仍称为进程。这时，把在单一的一个进程内执行多个线程的能力称之为多线程。

基于进程方式的应用程序的主要弱点表现在：未能充分利用线程级并行性，或者说并发处理能力较弱，进程活动转换时会占用更多的地址空间。而采用多线程方式的好处是。

1）与创建一个新进程相比，在一个现有进程中创建一个新的线程所花费的时间更少，并且不需要再分配新的地址空间等资源。

2）与进程状态的转换相比，中断、中止或撤销线程更快，在同一进程内两个线程之间的切换花费更少的时间。

3）多线程机制可以简化程序结构，在逻辑上实现不同的多个功能，如前台与后台、异步处理、同时或交叠地执行、提供不同的服务以及更清晰地组织程序子功能等。

在.NET中，线程是通过名字空间 System. Threading 处理的。创建一个 System. Threading. Thread 类能够创建一个新的线程来开始工作。Thread 类的构造函数中需要一个 ThreadStart 代理，它将引用此线程开始执行时要调用的方法。本系统在 Web Services 组件中实现了多轴联动功能，这样就可以大大提高机器人的运行速度和效率。利用多线程方式实现联动的方法是：先分别编写驱动每个轴运动的函数 moveshaft1，movesshaft2，moveshaft3，moveshaft4，然后分别创建 4 个线程实例，代码如下：

```
Thread th1 = new Thread(new ThreadStart(moveshaft1));
Thread th2 = new Thread(new ThreadStart(moveshaft2));
… …
接着启动每个线程,
th1. Start();
th2. Start();
… …
```

7.4.4　机器人控制的领域本体设计

目前，对机器人控制算法的研究已经越来越多。在机器人控制的实施过程中，各种控制算法的具体实现为控制系统的成功实施提供了必要的保障。然而，各种控制参数、工件信息的多样化和复杂化的表示方式会给算法的实现带来许多问题。主要体现在：不同的控制系统中参数资源的表达存在着来源广、不统一、数量多等特点，随之而来的是知识的表达隔离孤立、互不相通、缺乏语义等缺陷。而这些给不同机器人控制系统的开发和应用带来了诸多不便，也使各个控制系统功能的通用性大大降低。为了解决上述问题，建立一个与工业机器人控制参数相关的本体类，并在此基础上开发出一种能够应用于机器人控制领域的且能让机器理解的语义系统，其必要性和迫切性都毋庸置疑。

Web 技术与机器人控制技术的结合，促成了基于 Web Services 的远程控制机器人概念的诞生。然而，如何将控制参数本体类和 Web Services 相结合，使 Web Services 具备一定的语义功能，构建实时调用的远程工业机器人控制系统，也成为了该领域内研究的重点，并将为今后实现智能化的远程工业机器人控制系统提供理论依据和技术参考。

本节主要采用本体论的思想，建立一个可共享、可重构、可复用、可扩充的与机械手参数对象相关的本体类。在考虑参数语义的情况下，提出一个基于本体的语义 Web Services 自动组合的框架，实现客户端与 Web Services 各组件间的异步通信，并对具体实现智能化的远程工业机器人控制系统作了进一步探讨。

下面以工业机械手为例，充分借鉴软件工程的思想和经验，提出了领域本体构造过程的原型模型，如图 7-5 所示。

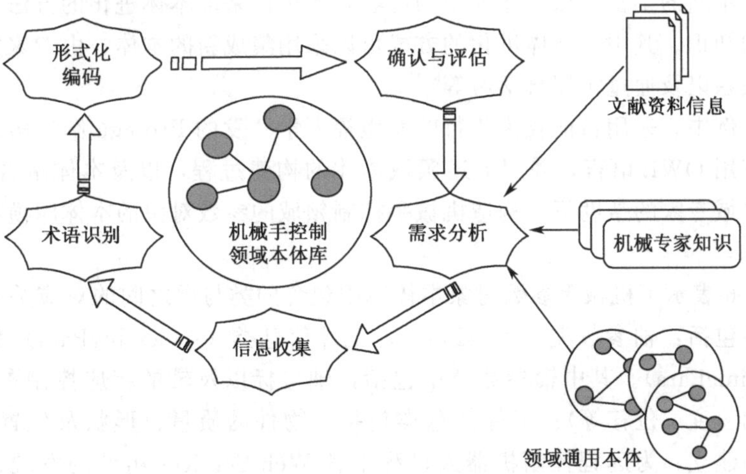

图 7-5　机械手领域本体构建的原型模型

从图 7-5 中可以看到，该原型模型是一种环形结构。环形的起点是一个通用的核心本体的选择，选定机械手控制领域的基础本体后，汇集机械领域内的专家知识，获取相关文献资料中的可取信息，为进入需求分析打下基础。

1）需求分析。和软件开发过程类似，在本体建设的初期，应该首先了解其应用的范围、用途和使用者，明确领域本体构建的最终目的是为机械手控制服务，让信息变成机器可理解的语义。

2）建立分类关系。从需求分析的结果文本中收集领域的相关概念，并对概念进行详细的分析和归类，初步建立概念之间的分类关系。

3）术语识别。建立本体框架，对其中的每一个概念的重要性进行评估，选出关键性术语，摒弃那些不必要或者超出领域范围的概念，尽可能准确而精简的表达出与领域相关的知识，从而形成一个领域知识的框架体系，得到领域本体的框架结构。此阶段完成目标本体的概念结构的搭建。

4）形式化编码。前期的工作中用精确的术语表达出领域内的重点概念及相关关系，本阶段用形式化的方法对这些术语进行编码，目的是为了让信息具备机器的可理解性。在搭建本体的过程中，会用到“本体重用”的特性以及“本体映射”关键技术。

5）确认与评价。对得到的领域相关的本体进行评价，查看是否满足使用者提出的需求，是否满足本体的建立准则，术语的定义是否清晰，本体中的概念及其关系是否完整等。

领域知识的无穷尽性，领域边界的模糊性，以及领域之间的交叉性，都决定了特定领域本体的初级版本建立以后，还需要不断与领域专家进行交流，并反复地将其应用到实际系统中，然后根据反馈信息，对该本体进行评价和排错。

为了不断的丰富领域本体库中的内容，还可以采取本体进化的方法来不断地发现新的知识。其中，本体进化的方式可以采用集成新的本体、由专家定义新的概念和关系以及通过机器自学习等[49]。

本实例中，采用目前较为流行的斯坦福大学开发的 Protégé 作为构建本体的工具，使用 OWL 语言，采用上述领域本体的构建过程，以及本体融合等算法，在机械领域专家的帮助下，构造机械手控制领域的参数对象的本体库模型，如图 7-6 所示。

图 7-6 表示了机械手参数对象本体库中包含的类与类之间的对应关系。该本体库主要包括：轴参数类（AxisPara），工件信息类（AssemblyPara）和时间参数类（TimePara）。其中轴参数类中包括：轴坐标以及轴的相应控制参数（力、速度、加速度、位移等）；工件信息类包括：物件的质量、形状及位置坐标等。该类库的建立，为远程控制机器人过程中各 Web Services 组件的发现、组合和调用作好了准备。

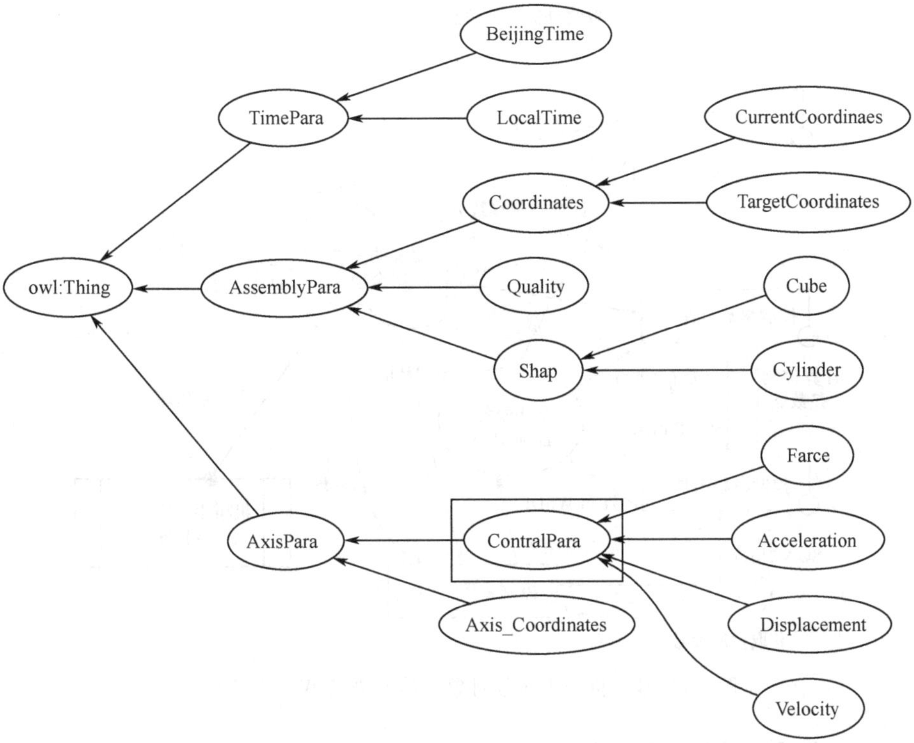

图 7-6　机械手参数对象的本体描述在 Protégé 中的图形化表示

7.4.5　基于本体的语义 Web 服务模型的建立

1. 语义 Web Services 模型

针对工业机器人控制领域，我们提出一种将机械手参数对象的本体引入到上述 Web Services 体系结构的语义 Web 服务模型。

图 7-7 所示的语义 Web 服务模型，以建立的机械手参数对象的本体为基础，根据使用者的需求进行服务的匹配，完成相应的组合服务功能。

Web 服务的调用过程如下：所有的 Web 服务组件在 Web 服务注册中心注册以被发现；服务使用者通过 SOAP 请求异步调用物件的工件信息组件，返回工件信息；服务使用者发送与机械手操作相关的服务请求；服务的匹配与组合模块，以机械臂的控制算法为基础，利用所构建的机械手参数对象本体库，让机器自动匹配找出一个能够在控制功能上满足请求的组合方案，实现异步调用服务组件的功能[50]。

例如，为实现多维空间中轴运动轨迹的规划与组合，机械手臂的动态方程能

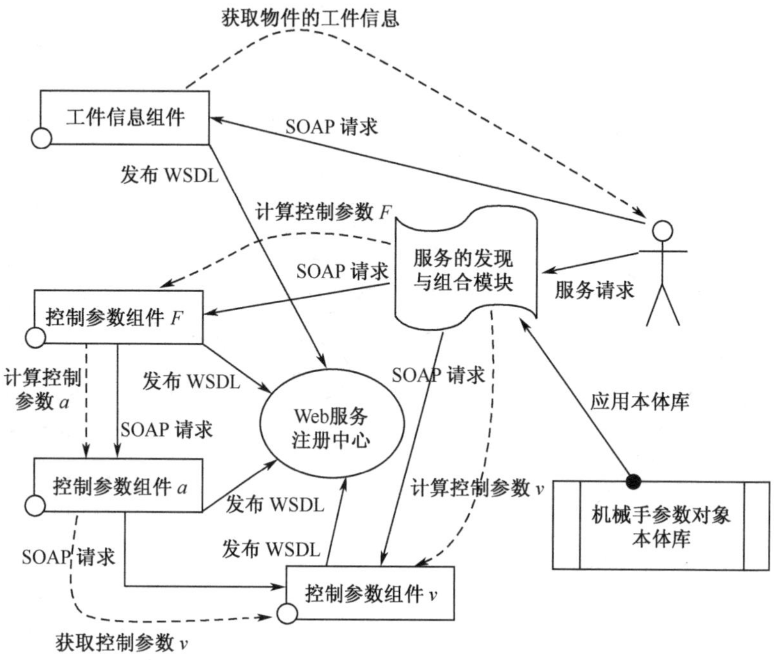

图 7-7　基于机械手参数对象本体的语义 Web 服务模型

够用一个非线性微分方程来表述：

$$\boldsymbol{M}(q)\ddot{q} + C(q,\dot{q})\dot{q} + G(q) + F(q,\dot{q}) = \tau$$

在该动态方程的计算过程中，就需要用到前面构建的机械手臂（轴）的本体库，首先获取工件信息以及手臂各轴所涉及的空间状态参数，然后由具备语义推理功能的推理机（如 Pellet）根据本体库中描述的逻辑归属关系，将相关参数（机器人关节角速度 $\dot{q}$、关节角位移 q、惯性矩阵 $\boldsymbol{M}$（q）、引力力矩 $G(q)$等）的计算分布到各个相应的 Web Services 组件上，完成机器人手臂动态方程的异步运算和运动控制。

2. Web 服务组合框架

服务组合的目标是按照待选择服务的参数语义（引用一个已存在本体的概念来表示）来实现服务的自动化调用，达到对机器人运动控制流程的自动化处理。如何基于本体来实现 Web Services 语义上的自动匹配是一个技术难点。

针对上述目标，从服务的外部实现过程来说，组合服务模块可以看做资源的协调者，负责接收服务使用者的输入信息，然后从若干个子服务中得到它的需求，并将输出结果返回给客户，从而完成组合功能。从内部的实现过程来说，组合服务一般需要分为两个过程来完成对外的功能，如图 7-8 所示。

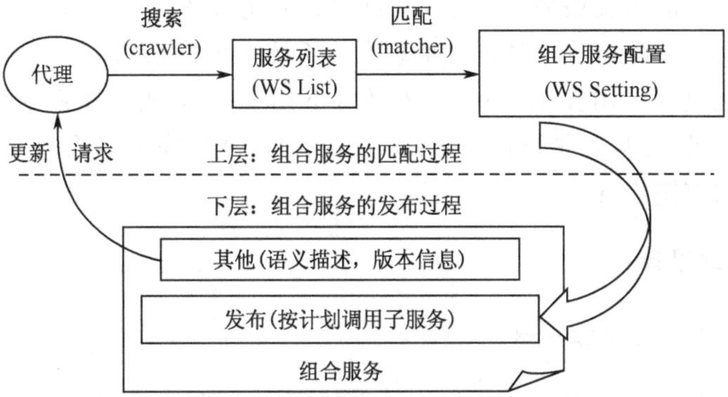

图 7-8　组合服务的内部视图

一是匹配过程：组合服务按照用户的需求从相关领域的服务中找出含有与本次匹配相关的语义服务（服务的搜索阶段 crawler）；然后对搜索到的每个服务（记录于 WS list）进行分析，把它们的语义与本次服务请求进行比较，将备选服务的参数语义本体载入本体的推理机 owl reasoner 进行推理，查看是否满足用户的某个需求（服务的匹配阶段 matcher）；最后对符合需求的子服务进行排序，记录下调用信息和版本等信息后存入配置文件（服务的记录阶段 WS setting）。

二是发布过程：该过程是服务的执行过程。当收到一个客户的调用后，组合服务首先读取配置文件；然后按照一定的流程对配置文件中指明的子服务进行检查和调用；最终把子服务的结果经过恰当的计算返回给客户；并将该组合服务针对自己的语义描述和版本等控制信息提供给外界。

本系统的具体实现，可以使用 ASP. NET 来开发 Web 界面，由 C# 实现基本的 Web Services，用户通过 Web 浏览器以 HTTP 协议调用 Web 页面，得到机器人操作界面。系统中，crawler 阶段的最终目的是从机器人控制领域的服务中找出含有与用户远程操纵工业机器人请求匹配相关的语义服务，然后利用现有的基本服务构建出一个更加强大的服务，动态的完成组合功能。

由于一个服务可以提供多个方法，让其中一个方法的声明为

```
[WebMethod]
  public string svGetServiceDescription()
  {
  return   @"http://localhost/Webservice/WebSite1/GetControlPara.xml";
  }
```

匹配引擎在 crawler 阶段尝试调用每个服务的 svGetServiceDescription()方法，如果成功，将匹配结果写入 register. xml 配置文件中；失败，则说明这个服

务不是我们期望的语义服务。针对匹配结果，采用服务匹配的方法来实现组合服务的自动配置，匹配过程中的语义推理在本系统中可以采用 Pellet 推理机进行分析推理，匹配过程采用在 Eclipse 3.2 平台下用 java 实现，并将结果采用 XML SAX 写入到一个文本文件 composite. setting 中，最后完成组合服务的执行，从而实现完整的控制流程。

7.4.6 客户端设计

1. 建立 Web 应用客户端

本系统首先采用 ASP. NET 和 C# 来编写客户端 Web 应用程序。. NET 平台最大的优点体现在：传统的 ASP 限制程序开发人员使用其他脚本语言，而 ASP. NET 允许使用任何支持 . NET 的语言。因此在 ASP. NET 中编写的代码被编译后将拥有更好的性能，并且可以充分利用高级语言的特性。

在建立 ASP. NET Web 应用程序之前应在服务器端建立虚拟目录。建立虚拟目录的方法是：

1）建立一个目录，如：c：\ mq。

2）控制面板→管理工具→internet 服务管理器→默认的 Web 站点→新建→服务器扩展站点，选中 mq。

3）默认的 Web 站点→新建→虚拟目录 mq，选中 mq。

4）选中站点 mq 的属性，在文档栏中启用默认文档，包括 default. htm，default. asp，iisstart. asp，default. aspx。

建立完虚拟目录后就可以建立新的 Web 项目了，在新建项目处选择建立 ASP. NET Web 应用程序，在位置栏输入 http://localhost/mq，这样就建立了一个新项目。然后将登录的主界面命名为 default. aspx。假设本机名为 flitter，IP 地址为 166. 111. 180. 61，在浏览器中输入 http://flitter/mq 或 http://166. 111. 180. 61/mq 均可进入系统。

另外，为了能够在 ASP. NET 中调用机器人运动控制的 Web Services，还需要在 Web 应用中通过“添加 Web 引用”建立与该 Web Services 的联系。

2. 用户登录界面设计

（1）基于 Web 的用户身份验证

身份验证（authentication）是识别用户的过程。授权（authorization）是根据用户身份来授予访问权限的过程。身份验证和授权联合起来，可以保护 Web 应用程序免于入侵者的攻击。

没有登录过的用户访问本系统的任何页面，都将定向到一个 Web 登录页面，这个页面收集用户名和密码信息，然后结合数据库对用户进行身份验证。打开新建的项目，在解决方案资源管理器中有文件 Web. config，将其中认证模式改为

```
<authentication mode = "Forms">
<forms loginUrl = "default. aspx">
</forms>
</authentication>
<authorization>
<deny users = "?" />
</authorization>
```

其中，default. aspx 为收集登录信息的 Web 页面。后三行表示禁止任何用户登录，除非是通过身份认证的。这样在浏览器中输入 http://flitter/mq 或该站点的任何网页，均会转入 http://flitter/mq/default. aspx，等待用户输入用户名和密码。

(2) 基于 Web 的登录验证

用户登录界面如图 7-9 所示。

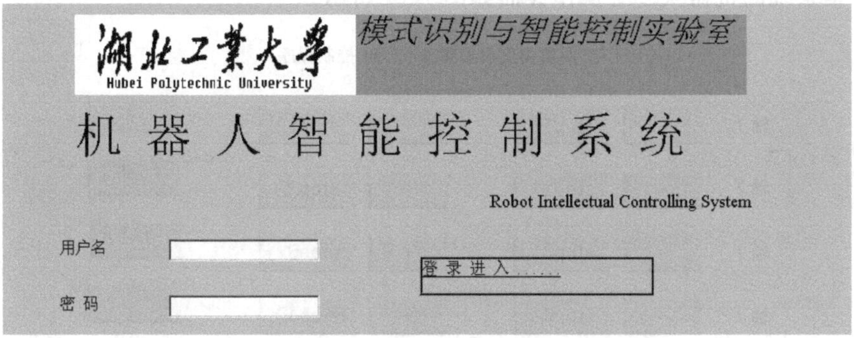

图 7-9　用户登录界面

在页面被传回服务器前，验证控件在客户端检查数据的有效性。相对于以前的服务器端验证方式而言，可以提高验证的速度，因为大多数有效性问题可以在客户端直接验证，减少了网络连接开销。ASP. NET 的验证控件有：

RequiredFieldValidator，检查控件是否包含数据；

CompareValidator，检查输入项是否与另一个控件中的条目匹配；

RangeValidator，检查输入项是否介于两个值之间；

RegularExpressionValidator，检查输入项是否与制定的格式匹配；

CustomValidator，使用客户端脚本或服务器端脚本（或两者都使用）检查输入项的有效性；

ValidationSummary，在中心位置显示验证错误或者显示常规的验证错误说明。

3. 机器人操作界面设计

人机界面（human-machine interface）是人与机器进行交互的操作方式，其中包括信息的输入与输出。机器人操作的人机界面可分为软件人机界面和硬件人机界面。软件界面在机器人操作中的作用非常重要，其用户界面直接影响着机器人操作的工作效率和效果。机器人操作界面的设计原则可归纳如下：

1）一致性原则。主要是指在不同的系统之间及应用系统内部具有相似的界面外观、布局、人机交互方式及信息显示格式等。有助于用户学习机器人的操作，并减少使用时的出错率。

2）提供信息反馈。指机器人对用户的操作所作的反应，它可以表明用户的操作是否为机器人所接受、是否正确，以及操作的效果怎样。

3）保持界面空间布局的合理性。应根据对机器人手工操作的理解设计出给用户带来方便的界面。

本系统的机器人手工操作界面如图 7-10 所示。

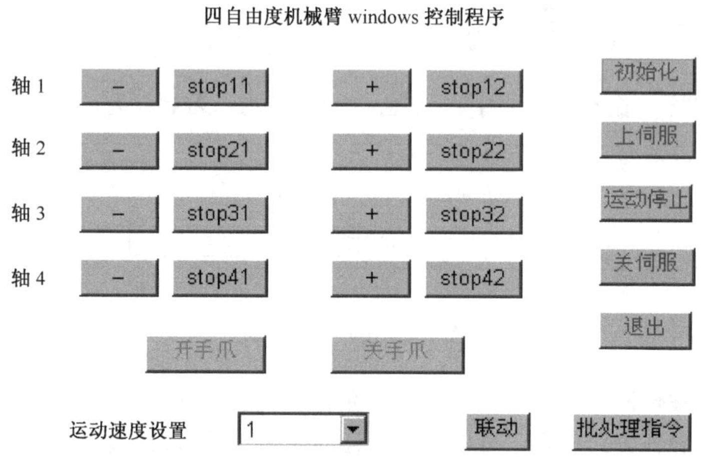

图 7-10　机器人操作界面

在该界面中，点击每个按钮都会触发事件，进而调用 Web Services 组件去驱动机器人执行相应动作。例如，对于轴 1，“—”的作用是使轴 1 向左移动，其对应的代码是

```
private void Button1_Click(object sender,System.EventArgs e)
{
```

```
    sec = Int16.Parse(DropDownList1.SelectedItem.ToString());
    str = "shaftXleft";
    ws. shaftmove (str,sec);
    }
```

stop11 的作用是使正在向左移动的轴 1 停止下来，其对应的代码是

```
private void Button20_Click(object sender,System.EventArgs e)
{
    str = "stop11";
    ws. shaftmove (str,sec);
}
```

4. 建立 MFC 客户端

(1) 使用 gSOAP 调用 Web Services

由于本章机器人运动控制的 Web Services 采用 C# 语言编写，而生成控制指令的语音识别程序采用 VC++6.0 编写，为了建立 MFC 风格的客户端程序，同时实现与语音识别程序的紧密集成，如何在 VC++6.0 中调用 Web Services 组件就成为一个技术难点。众所周知，Web Services 采用 SOAP 协议调用，采用 XML 格式传输数据，而传统的 C/C++并不支持 SOAP 协议和 XML 数据，因此要想在 VC++6.0 中实现对 Web Services 的调用就必须采用第三方工具。经过我们的研究和选择，最终采用开源工具 gSOAP（下载网址为 http://sourceforge.net/projects/gsoap2）解决了这一问题。gSOAP 是 Florida State University 的 Robert van Engelen 等人开发的，该工具提供 SOAP/XML 到 C/C++的绑定，其编译器能够自动实现 C/C++数据类型到 XML 数据类型的映射，并提供一套 API 使得开发人员能够使用 C/C++开发 Web Services 客户端。

以下是在 VC++6.0 下通过 gSOAP 调用 Web Services 的步骤[51]：

1）在 Visual Studio 2003 里新建一个 ASP.NET Web 服务 RobotControlService，并创建 Web Services 方法 shaftmove()，使用 [WebMethod] 来标识对外输出的方法名。

2）在浏览器中输入 http://localhost/Robot Control Service/Service1.asmx?WSDL，可以看到 Service1 的 WSDL 文件，将其另存为 Service1.wsdl。然后，使用开源的 WsdlToCode 工具，创建客户端代理代码，选择刚才保存的 Service1.wsdl 文件后，即可生成相应的代码。

3）在 VC++6.0 下创建基于对话框的工程 RobotClient，将 ServiceSoap.nsmap，soapC.cpp，soapClient.cpp，soapH.h，soapStub.h 以及 gSoap 工程根目录下的 stdsoap2.h，stdsoap2.cpp 共 7 个文件添加到工程。在对话框类中添加

头文件包含 # include “ServiceSoap. nsmap”。修改 soapC. cpp，soapClient. cpp，stdsoap2. cpp 的编译条件为不需要预编译头文件。

4）编写 C++代码调用 Web Services。以下是在 VC++6.0 中编写的 gSOAP 调用 Web Services 的程序代码，假设机器人控制的 Web Services 为 http://166.111.180.61/Robot ControlService/Service1.asmx，Web Method 为 shaftmove()。

```
// soapClient.cpp
    #include "soapH.h"
    SOAP_SOURCE_STAMP("@(#) soapClient.cpp ver 2.7.9d 2007-06-18 06:31:
13 GMT")
    SOAP_FMAC5 int SOAP_FMAC6 soap_call___ns1__shaftmove(struct soap * soap,
const char * soap_endpoint, const char * soap_action, _ns1__shaftmove * ns1__
shaftmove, _ns1__shaftmoveResponse * ns1__shaftmoveResponse)
    {  struct __ns1__shaftmove soap_tmp___ns1__shaftmove;
        if (!soap_endpoint)
           soap_endpoint = "http:// 166.111.180.61/RobotControlService/
Service1.asmx";
        if (!soap_action)
          soap_action = "http://tempuri.org/shaftmove";
        soap->encodingStyle = NULL;
        soap_tmp___ns1__shaftmove.ns1__shaftmove = ns1__shaftmove;
        soap_begin(soap);
        soap_serializeheader(soap);
        soap_serialize___ns1__Add(soap, &soap_tmp___ns1__shaftmove);
        if (soap_begin_count(soap))
          return soap->error;
        if (soap->mode & SOAP_IO_LENGTH)
        {  if (soap_envelope_begin_out(soap)
          ||soap_putheader(soap)
          ||soap_body_begin_out(soap)
           ||soap_put___ns1__shaftmove(soap, &soap_tmp___ns1__shaftmove, "-
ns1:shaftmove", "")
          ||soap_body_end_out(soap)
          ||soap_envelope_end_out(soap))
            return soap->error;
        }
        if (soap_end_count(soap))
          return soap->error;
```

```
        if (soap_connect(soap, soap_endpoint, soap_action)
          || soap_envelope_begin_out(soap)
          || soap_putheader(soap)
          || soap_body_begin_out(soap)

|| soap_put___ns1__shaftmove(soap, &soap_tmp___ns1__shaftmove, "-ns1: shaft-
move", "")
          || soap_body_end_out(soap)
          || soap_envelope_end_out(soap)
          || soap_end_send(soap))
            return soap_closesock(soap);
        if (!ns1__shaftmoveResponse)
          return soap_closesock(soap);
        ns1__shaftmoveResponse->soap_default(soap);
        if (soap_begin_recv(soap)
          || soap_envelope_begin_in(soap)
          || soap_recv_header(soap)
          || soap_body_begin_in(soap))
            return soap_closesock(soap);
          ns1_shaftmoveResponse -> soap_get (soap, "ns1: shaftmove-
Response", "");
        if (soap->error)
        {   if (soap->error == SOAP_TAG_MISMATCH && soap->level == 2)
            return soap_recv_fault(soap);
          return soap_closesock(soap);
        }
        if (soap_body_end_in(soap)
          || soap_envelope_end_in(soap)
          || soap_end_recv(soap))
            return soap_closesock(soap);
          return soap_closesock(soap);
        }
```

MFC 客户端核心代码为

```
void CRobotClientDlg::OnButtonInit()
    {
        // TODO: Add your control notification handler code here
        _ns1__shaftmove shaftmove;
        _ns1__shaftmoveResponse shaftmoveResponse;
```

```
        int cont = NULL;
        char para[20] = "initialize";
        struct soap soap;
        soap_init(&soap);
        shaftmove.cont = cont;
        shaftmove.para = para;
        if (soap_call___ns1__shaftmove(&soap, NULL, NULL, &shaftmove,
    &shaftmoveResponse) == SOAP_OK)
        {
          CString str0,temp,str1;
          str0 = "机器人初始化.\r\n";
          m_sysinfo.GetWindowText(temp);
          str1 = temp + str0;
          m_sysinfo.SetWindowText(str1);
        }
        else
        {
          CString str0,temp,str1;
          str0 = "机器人初始化失败.\r\n";
          m_sysinfo.GetWindowText(temp);
          str1 = temp + str0;
          m_sysinfo.SetWindowText(str1);
        }
        soap_cleanup(&soap);
        ArrowInit4(RGB(0,255,0));
}
```

(2) 建立 MFC 集成客户端

采用 gSOAP 工具，我们实现了语音识别 MFC 程序和运动控制 Web Services 程序的集成，其中，MFC 客户端程序的功能相当于一个呼叫中心和语音识别中心，它能接收电话网络传递来的语音并进行识别，同时将识别出的指令通过计算机网络传递给远程机器人控制服务器上的 Web Services，不仅实现了对机器人的远程控制，而且实现了电话网络与计算机网络的有机统一，该集成控制客户端界面如图 7-11 所示。

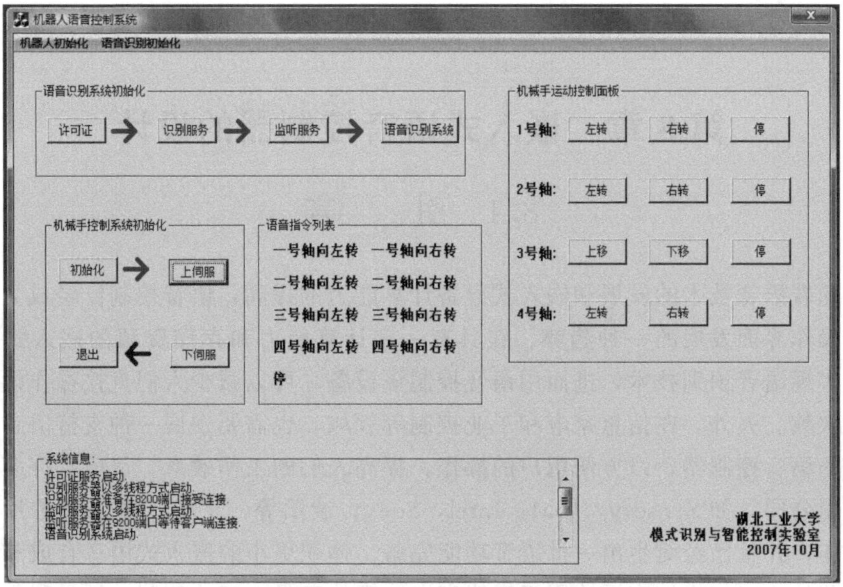

图 7-11　机器人语音远程控制集成客户端

第 8 章　嵌入式语音控制器的设计

8.1　引　　言

随着语音技术的发展和嵌入式设备计算能力的提高，语音控制已经成为移动设备操作界面发展的一种趋势。在具有一定计算能力和存储资源的嵌入式平台上，实现语音识别技术，进而用语音控制该设备，可以减少人们直接操作设备按键的次数。另外，在信息家电和工业控制等领域，也需要发展一种支持语音识别技术的语音控制器，以方便用户的操作，提高人们的工作效率。目前，许多大型的集团公司，如 Sensory，IBM，Intel，Sony，凌阳等，正在开展语音芯片的研发工作，并且已经诞生出一批语音功能完备、体积更小的嵌入式语音合成和语音识别芯片，它们将被广泛地用于智能家电、智能工具、工业控制、玩具和手机等领域。由此可以展望，语音技术还将会对嵌入式设备相关产业产生极大的带动作用。

本章以凌阳 SPCE061A 型单片机为基础阐述嵌入式语音控制器的硬件和软件设计方法。

8.2　语音控制器总体设计

本章语音控制器设计的目的是通过语音来控制工业机器人各轴的基本运动，实现机器臂的左转、右转、上升、下降等运动。语音控制器采用嵌入式电路控制板，主要进行语音信号的处理，通过串口通信向 PC 上位机发送相应的控制指令。为了提高识别的效率和限于 SPCE061A 芯片的局限性，本控制器采用特定人的语音识别方式。首先，录制相应的语音命令，存储为 wav 格式，利用凌阳公司提供的压缩软件，将语音文件格式转换为 SPCE061A 开发环境所支持的格式，预植于程序中作为命令模板库对应命令的提示语音；在程序运行时，根据程序提示，先录制特定人的语音命令，建立该特定人的标准语音命令库；语音命令识别时，采集语音指令，与标准语音命令库中的语音命令相比较，在允许的误差范围内，找出语音命令库中最相近的语音命令，并把该条命令作为识别结果，进行相应的处理，作出我们所期望的响应，从而实现相应的控制功能。

语音控制器的总体结构如图 8-1 所示。

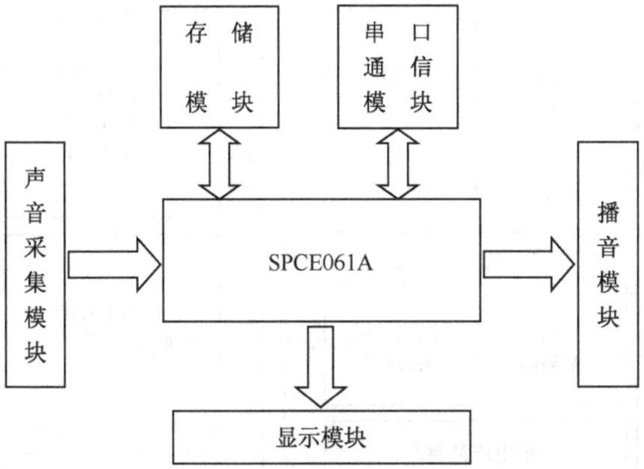

图 8-1　语音控制器的总体结构

8.3　语音控制器硬件设计

8.3.1　凌阳 SPCE061A 单片机简介

台湾凌阳公司推出的 16 位嵌入式语音处理器 SPCE061A 是一款高度集成化的单片机处理器，不仅具有同类型单片机的通用功能，而且具有语音识别能力。它的主要性能有：32 位通用可编程输入/输出端口；内置 2K 字 SRAM 和 32K Flash；2 个 16 位可编程定时器/计数器（可自动预置初始计数值）；2 个 10 位 DAC（数-模转换）输出通道；7 通道 10 位电压模-数转换器（ADC）和单通道语音模-数转换器；声音模-数转换器输入通道内置传声器放大自动增益控制（AGC）功能等。SPCE061A 处理芯片是一款功能齐全的单片机，且包含了 DSP 功能，这使得在硬件电路上它需要外接的器件数量大大减少。同时，SPCE061A 也是一款 16 位结构的 μ'nSP 微控制器，支持可编程音频处理，使用凌阳音频编码 SACM _ S240 方式（2.4Kbit/s），能容纳 210s 的语音数据；较高的处理速度能够非常容易地、快速地处理复杂的数字信号。因此，以 μ'nSP 为核心的 SPCE061A 微控制器是适用于数字语音识别应用领域的一种最经济的选择[52]。

SPCE061A 的结构如图 8-2 所示。

8.3.2　语音控制器电路板设计

一套电路板的开发一般要经历三个过程：原理图设计、PCB 设计制作、电路板调试，其中，原理图设计和 PCB 图设计要借助 EDA 平台来完成。本章所有电路原理图的设计和电路板 PCB 图的设计均是在 Protel DXP 下完成的。Protel DXP 是原 Protel Technology 公司开发的基于 Windows 环境的电路板设计软件，

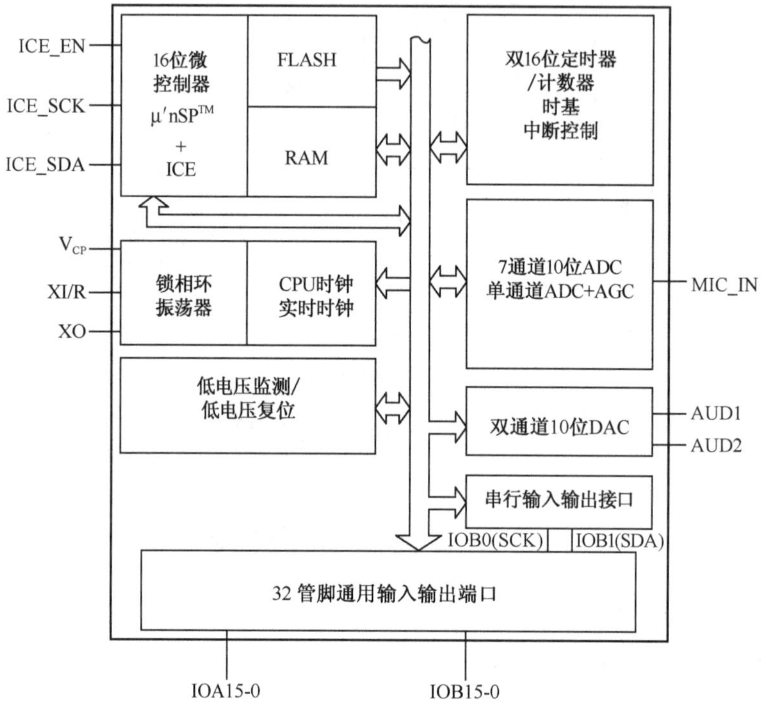

图 8-2　凌阳 SPCE061A 单片机结构

是目前国内最流行的通用 EDA 软件。它是将电路原理图设计、PCB 板图设计、电路仿真和 PLD 设计等多个实用工具软件组合后构成的 EDA 工作平台。

1. 扩展存储 Flash

本语音控制器的主处理芯片 SPCE061A 片内有具有 32K 的 Flash 存储空间和 2K 的静态存储空间，如果运行本章的程序，其存储空间已经足够。但为了能处理较为复杂的程序、能运行含较大数据量的程序，甚或进行操作系统的移植等，有必要为后续的使用预留一定的存储空间。根据硬件设计的冗余原则，应该扩展该电路板的存储空间。

为了简化设计并考虑产品的一致性，扩展存储芯片采用凌阳公司生产的 Flash 存储芯片 SPR1024，该芯片的存储容量为 1M 位，即 128K 字节。该芯片的封装形式为 DIP8。根据它的工作原理，只能作为数据存储芯片使用，不能作为程序存储芯片。其工作电压范围为 2.7～3.6V，运行时的频率为 4MHz，读取数据时最大允许电流为 1mA，芯片代码运行及擦除数据时最大的允许电流为 4mA。串口输入输出存储数据，该芯片的 1 脚为空脚，可悬空或接地；2 脚是芯片的供电引脚，8 脚是芯片的片选脚，高电平有效，所以 2 脚、8 脚均连接 3.3V

的 VDD 电源；4 脚连接数字地；利用 SPCE061A 芯片的 B 口的特殊功能，其中，6 脚接 IOB0 作为时钟信号，3 脚接 IOB1 作为串口数据输入输出端口[53]。具体的设计如图 8-3 所示。

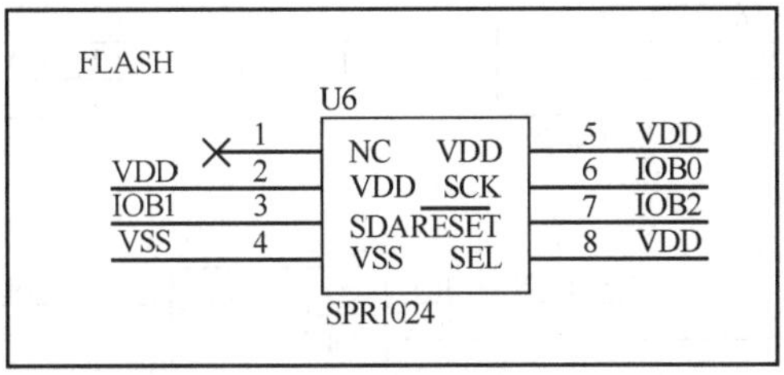

图 8-3　扩展 Flash 电路连接图

2. 程序下载模块

凌阳公司为 SPCE061A 单片机提供了一个友好的集成开发环境，开发界面类似 VC++6.0 的风格，可将汇编语言、C 语言转换为 SPCE061A 能够执行的二进制机器语言，通过下载模块下载到 SPCE061A 片内 Flash 中运行。它有两种下载模式，一种是 PROBE 模式，能够实时在线仿真、调试和下载程序，但在线调试器成本较高。另一种模式是 EZ-PROBE 模式，该模式经济简便，本章重点介绍这种程序下载模式的电路设计。

程序下载模块中，EZ-PROBE 主要采用一片 SN74HC244N 缓存控制芯片，A1 至 A4 为输入端，相应的 Y1 至 Y4 为其对应的输出端，该处输入输出由 OE1 控制，当 OE1 为低电平时，芯片导通，即输入 A1 至 A4 的信号可以由 Y1 至 Y4 对应端口输出，当 OE1 为高电平时，芯片截止，即输入 A1 至 A4 的信号不能由 Y1 至 Y4 对应端口输出。同理，A5 至 A8 为输入端，相应的 Y5 至 Y8 为其对应的输出端，该处输入输出由 OE2 控制，当 OE2 为低电平时，芯片导通，即输入 A5 至 A8 的信号可以由 Y5 至 Y8 对应端口输出，当 OE2 为高电平时，芯片截止，即输入 A5 至 A8 的信号不能由 Y5 至 Y8 对应端口输出。D5 为 3.3V 的稳压管，防止 STROBE 电压过高而使 SN74HC244N 芯片被烧坏。PROBE 下载端口则不通过 SN74HC244N 芯片，由凌阳公司生产的下载转换器进行信号转换后，直接由相应的数据信号线串行下载[54]。该模块的详细的电路设计如图 8-4 所示。

3. 声音采集模块

声音采集电路的核心为一个聚集体（见图 8-5 中 X1），采集声音的原理就是声波使聚集体内的介质产生振动移位，使内部的电阻发生变化，这样 MICP 和

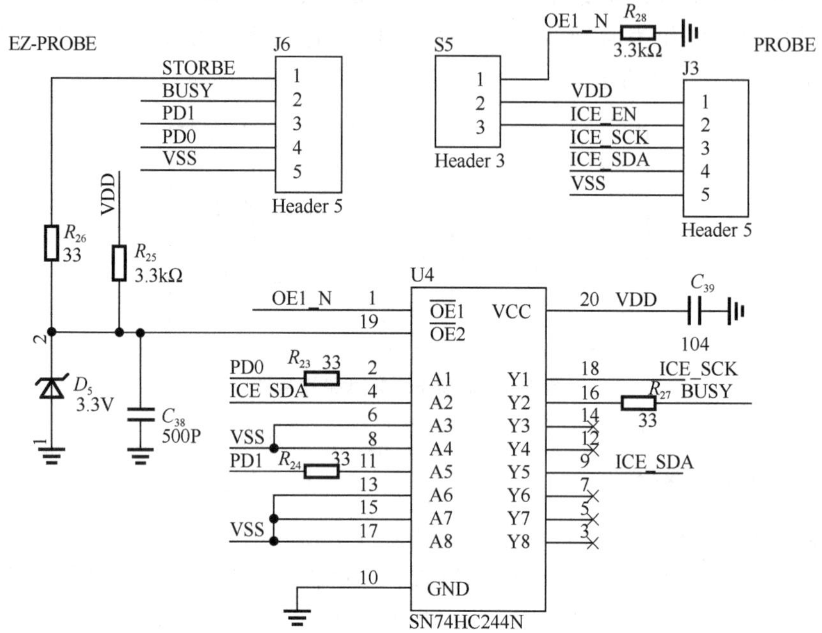

图 8-4　程序下载模块电路连接图

MICN 两端的电信号也随之发生变化，通过 SPCE061A 片内的信号比较器，就可以采集到声音信号。SPCE061A 单片机的声音采集频率为 8kHZ，且具有自动增益（AGC）功能。详细的设计如图 8-5 所示。

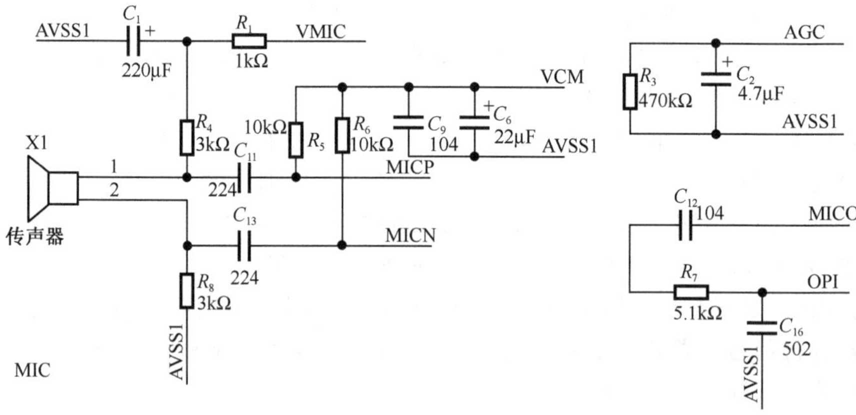

图 8-5　声音采集模块电路连接图

在图 8-5 中，采集声音电路的电源由 SPCE061A 的 VMIC（37 脚）供给。VCM 是声音信号进行模数转换时，ADC 参考电压输出引脚，接 SPCE061A 的

34 脚。AVSS1 是电路板的模拟地 1。MICP 是扬声器的正向输入引脚，连接 SPCE061A 的 33 脚，MICN 是扬声器的负向输入引脚，连接 SPCE061A 的 28 脚。AGC 为语音输入自动增益控制引脚。MICOUT 是扬声器的第一运放输出引脚，OPI 为扬声器的第二运放输入引脚。电路图中的极性电容、电容及电阻的作用是滤波和限流，采集声音时去除干扰的杂质和噪声信号，使声音采集尽可能的降低失真度，确保声音信号的准确率，提高识别的效率[55]。采集的声音信号是模拟信号，需通过模数转换器转换成数字信号存储在 SPCE061A 的片内 Flash 中。

4. 播音模块

SPCE061A 单片机具有两路 DAC 转换电路，本设计采用第一路 DAC1 转换电路。播音模块采用凌阳公司生产的 SPY0030A 功率放大芯片来放大声音信号，外接一个小功率的喇叭即可播出声音，由一个可调电阻 R9 用来控制声音的大小。其中 VDDH 连接 SPCE061A 的 I/O 参考电压，电压值为 5V，为功率放大芯片 SPY0030A 提供电源。VSS 为数字地，AVSS2 为模拟地 2。具体设计如图 8-6 所示。

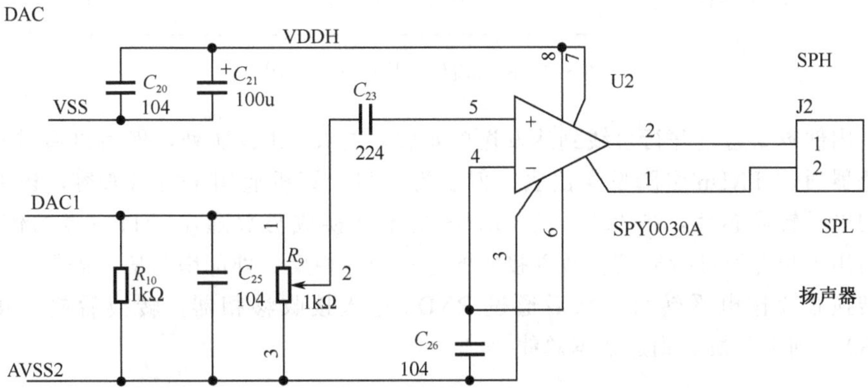

图 8-6　播音模块电路设计连接图

SPY0030A 具有较宽的电压范围，2.4～6.0V 都能正常工作，双端输出模式，该功率芯片具有较低的失真率，在 5V 的供电电压，负载等效电阻为 8Ω 及功率放大器的输出功率为 500mW 的情况下，其失真率仅为 0.55%。在 5V 的供电电压、负载等效电阻为 8Ω、声音信号的频率为 1kHZ 及允许的失真率在 10% 的情况下，该芯片最大的输出功率可达到 825mW。维持该功率放大芯片的工作的最低电流仅需 1μA。

5. 串口通信模块

串口通信模块电路用来实现语音控制器与上位机（PC）的通信。该电路的核心是MAX232N芯片，它的第10脚和SPCE061A的IO端口的IOB10相连。IOB10作为SPCE061A的串口输出脚；MAX232N的第9脚与SPCE061A的OI端口的IOB7相连。IOB7作为SPCE061A的串口输入脚。D Connector9通过导线与PC的COM口相连，其余MAX232连接如图8-7所示。

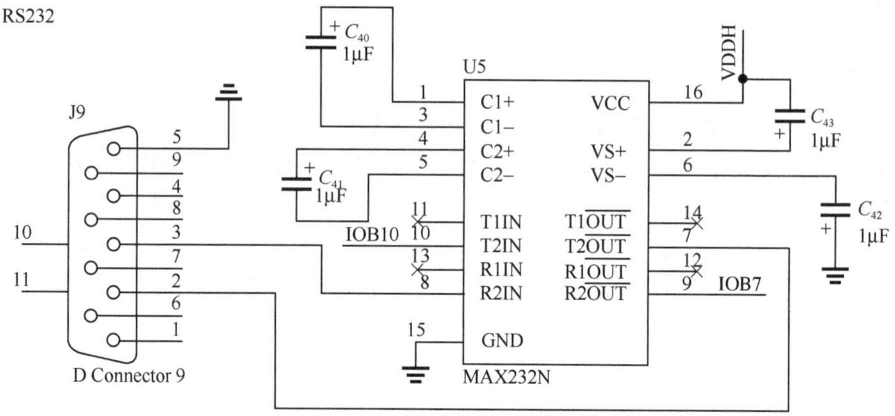

图 8-7 串口通信模块电路设计图

内部数据通过并行总线到达发送单元后，进入FIFO队列，然后再通过发送移相器通过TXDn引脚发送出去。但是为了与计算机通用串行口兼容，还需要使用电平转换芯片，把3.3V的CMOS电平转换成与普通串行口兼容的信号，然后用于与外设进行通信。数据接收的过程刚好相反，外部串口信号需先经过电平转换芯片作电平转换，然后通过RXDn进入接收移相器，转换后放到接收FIFO队列中，最后到达数据总线[56]。

6. LCD显示模块

液晶显示模块采用武汉博控公司的产品，型号为NS12864R。该液晶模块内部的控制器为ST7920A。由于该模块具有高度的集成性，具有相对独立的处理功能，所以只需要进行接口电路的设计。该液晶模块的引脚与SPCE061A的连接如图8-8所示。

ST7920是台湾矽创电子公司生产的中文图形控制芯片，它是一种内置128×64汉字图形点阵的液晶显示控制模块，用于显示汉字及图形。该芯片共内置8192个中文汉字（16×16点阵）、128个字符的ASCⅡ字符库（8×16点阵）及64×256点阵显示RAM（GDRAM）。为了能够简单、有效地显示汉字和图形，

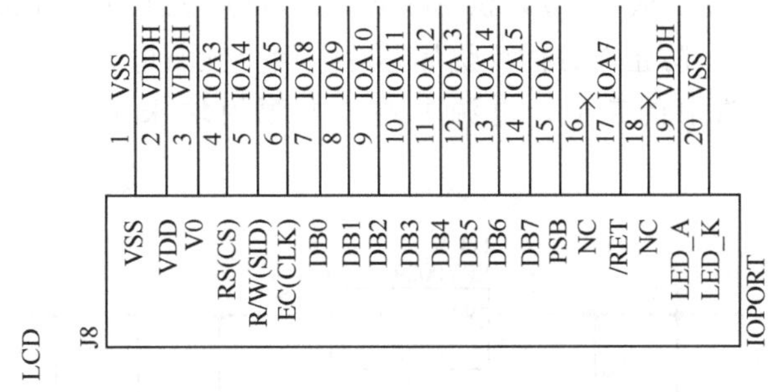

图 8-8　LCD 显示模块接口电路

该模块内部设计有 2MB 的中文字型 CGROM 和 64×256 点阵的 GDRAM 绘图区域；同时，该模块还提供有 4 组可编程控制的 16×16 点阵造字空间；除此之外，为了适应多种微处理器和单片机接口的需要，该模块还提供了 4 位并行、8 位并行、2 线串行以及 3 线串行等多种接口方式。该液晶屏可同时显示 4 行 8 列共 32 个汉字。

利用上述功能可方便地实现汉字、ASCⅡ码、点阵图形、自造字体的同屏显示，所有这些功能（包括显示 RAM、字符产生器以及液晶驱动电路和控制器）都包含在集成电路芯片里，因此，只要一个最基本的微处理系统就可以通过 ST7920 芯片来控制其他的芯片。ST7920 的主要技术参数如下：

电源　VDD（－2.7～＋5.5V）＋5V（内置升压电路，一般无需负压）。

功耗　正常模式：450μA；睡眠模式：3μA；低功耗模式：30μA。

内容　128 列×64 行。

显示颜色　黄绿。

显示角度　6：00 钟直视。

LCD 类型　STN。

与 MCU 接口　8 位并行/3 位串行。

配置有 LED 背光显示功能。

7. 电源电路

好的电源设计是系统稳定工作的关键因素，在有数字、模拟两部分电路的电路板中，电源的设计和布线尤为重要。供电系统带来的电源干扰有：过压、欠压、涌浪、下陷和降出、尖峰电压及射频干扰等[57]。为了提高整个系统的稳定性及尽量降低由于电源原因而引起的干扰，本语音控制器供电电源选用武汉出产的创联牌电源模块，该电源模块在正常工作时输入电源范围为 187～253V，输出的电压为 5V，额定电流为 3A。在电路中采用凌阳公司的 SPY0029A 降压芯片将输入电压由 5V 转换成 3.3V，供 SPCE061A 单片机工作所需的电压。用两个二极管来保护电路，防止电源插反烧坏芯片。两个独石电容和两个极性电容起滤波作用，滤掉电源中的杂质。电源电路（电源模块未示出）的连接如图 8-9 所示。

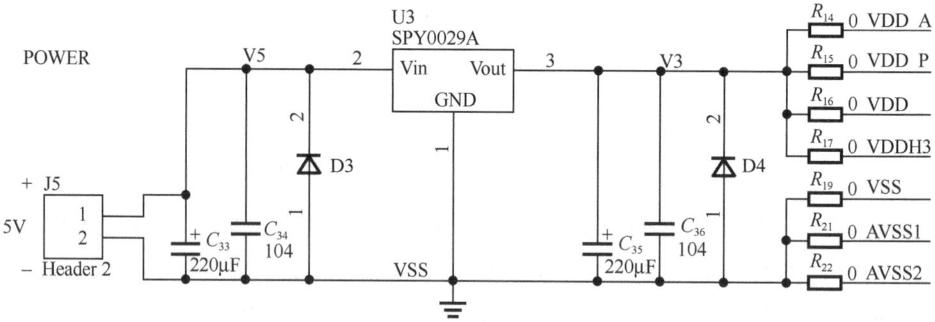

图 8-9　电源电路设计图

综上所述，整个语音控制器的 PCB 如图 8-10 所示。

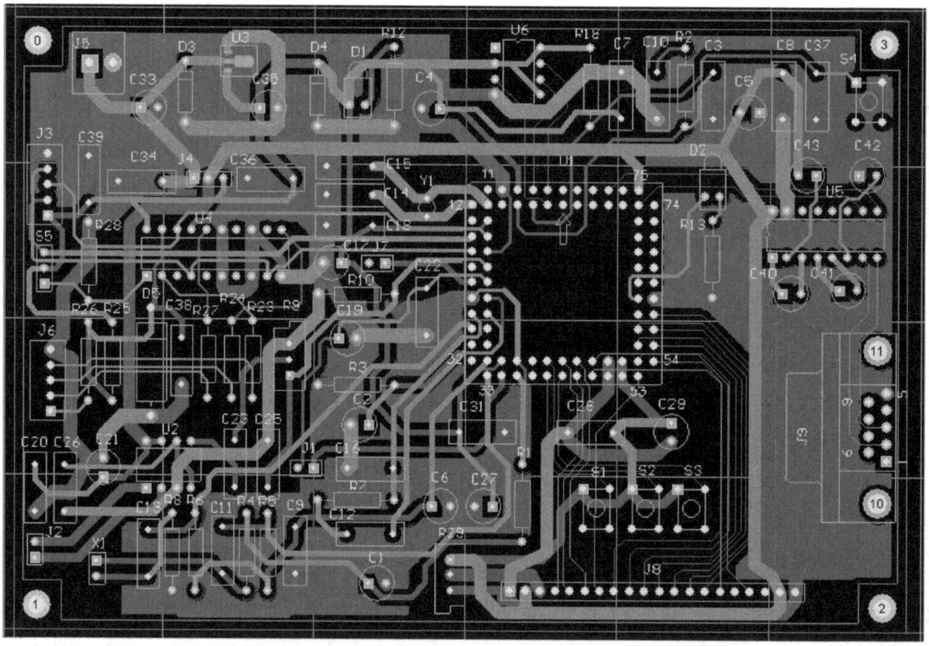

图 8-10　语音控制器的 PCB 图

8.4 语音控制器软件设计

8.4.1 凌阳 μ'nSP IDE 的项目结构

在凌阳单片机集成开发环境（IDE）中，新建项目包括三类文件：源文件(source files)、头文件（head files）和用来存放文档或项目说明的文件（external dependencies），其组织结构如表 8-1 所示。这种项目管理方式把与项目相关的代码模块组织为一个有机的整体，便于开发人员对代码和相关文件进行管理。表 8-1 描述了一个新建项目包含的各种文件。

表 8-1 μ'nSP IDE 新建项目中的文件分类

自动生成文件			File 视窗建立元组	
名称	文件名或文件扩展名	包含信息	source files	用于存放源文件，经编译生成扩展名为 obj 的目标文件
项目文件	. scs	当前项目中原文件的信息	head files	用于存放头文件，通常是一些要包含在原文件中的接口
资源文件	. rc	当前项目中资源文件的信息		
资源表	Resource. asm		external dependencies	用于存放文档记录或项目说明等外部支持文件
资源表头文件	Resource. inc		Resource 视窗建立 Resource 元组	
MAKE 文件	Makefile	当前项目中重新编辑的文件信息	用来存放项目的资源文件	

从编写调试代码的角度来看，在凌阳 IDE 中有如下一些重要的设置：

1）路径的设置：菜单 Tools＞＞Option＞＞…＞＞Directiories，可以进行路径的设置。当项目中的文件和函数库不在同一个目录时，需要对此进行设置。

2）链接库函数的加载：菜单 Project＞＞Setting＞＞…＞＞Link，可以加载链接函数库。例如，在语音应用时，需要加载凌阳音频算法库 SACM25. lib。

另外，尽管在项目中的 Head File 文件夹下面加入了所需要的头文件，但是在汇编文件和 C 文件中仍然需要用伪指令将其包含到自己的文件中。

μ'nSP IDE 提供了 SPCE061A 的寄存器定义的汇编头文件 hardware. inc 以及 C 语言的头文件 hardware. h。当我们需要对芯片设置时，需要将这些头文件加入项目中。开发系统还提供了对芯片进行设置的一些子函数，这些子函数都放在汇编文件 hardware. asm 中，提供开发人员使用。在凌阳的语音算法函数库中提供的 API 函数，也将用到 hardware. asm 中。

SPCE061A 集成开发环境的项目文件管理的组织结构如图 8-11 所示。

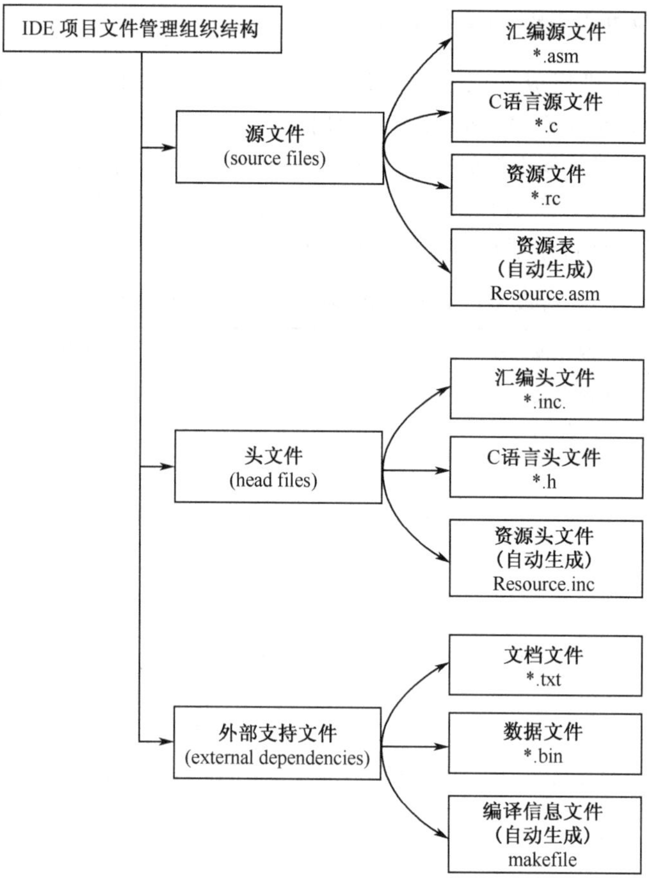

图 8-11 凌阳 IDE 项目管理的组织结构

8.4.2 控制器程序总体设计

语音控制器的程序由四部分组成：初始化程序、API 函数、主控应用程序及语音源文件。具体结构如图 8-12 所示。

各模块之间的逻辑流程如图 8-13 所示。

初始化程序及主控程序在本章后面的两节中有较详细的介绍，本节重点介绍与 API 函数及语音源文件关联的语音录制、语音播放和语音辨识。

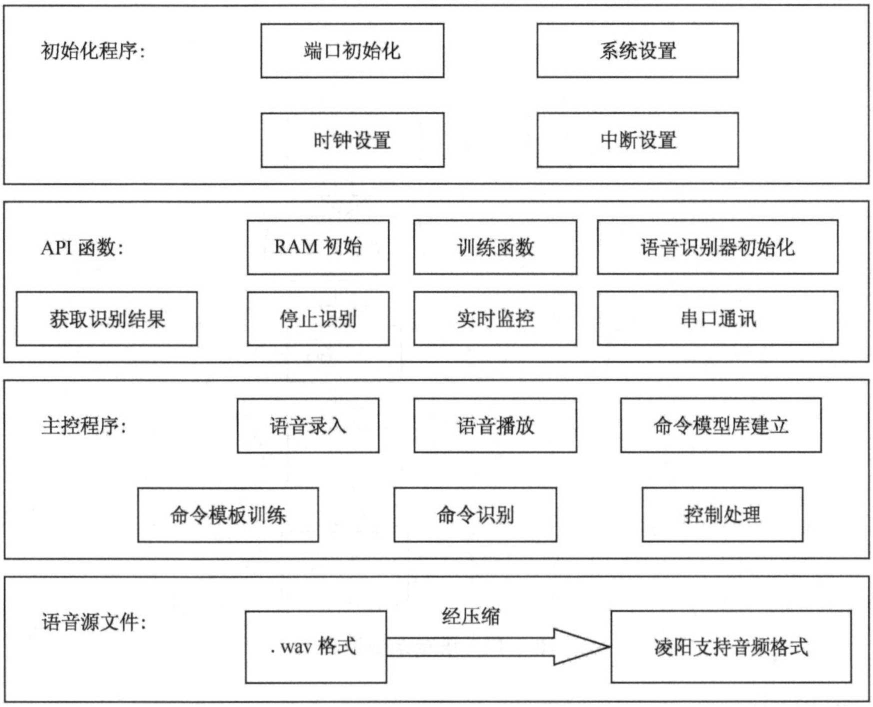

图 8-12　语音控制器软件结构

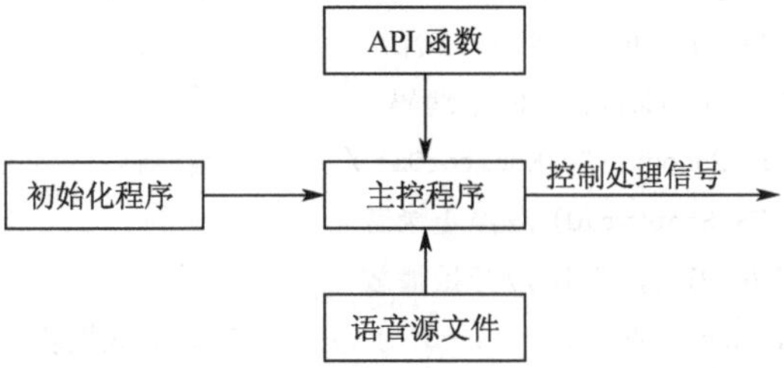

图 8-13　各模块之间的逻辑流程

1. 语音录制

语音录制存储分为三个流程：语音采样、压缩编码和存储。所谓语音采样就是在定时中断的控制下，以一定的速率（8kHz）进行 AD 转换；压缩编码就是将采集到的数据以某种算法压缩编码；存储就是将编码后的数据保存到存储介质中。凌阳音频算法中的录制原理如图 8-14 所示。

凌阳音频压缩算法中，可用于语音录制的函数库为 SACM _ DVR，其相关

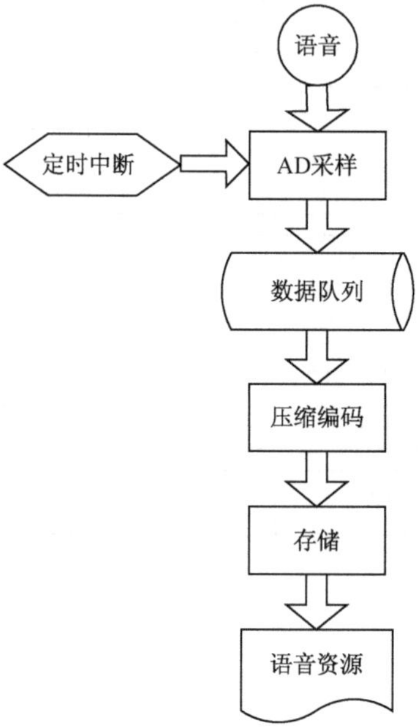

图 8-14 语音录制原理

API 函数如下：

```
int SACM_DVR_Initial(int Init_Index) //初始化
void SACM_DVR_ServiceLoop(void) //获取资料,填入译码队列
void SACM_DVR_Encode(void) //录音
SACM_DVR_StopEncoder() //停止编码
SACM_DVR_InitEncoder(RceMonitorOn) //初始化编码器
void SACM_DVR_Stop(void) //停止录音
void SACM_DVR_Play(void) //开始播放
unsigned int SACM_DVR _Status(void) //获取 SACM_DVR 模块的状态
void SACM_DVR _InitDecoder(int Channel) //开始译码
void SACM_DVR _Decode(void) //获取语音资料并译码,中断播放
SACM_DVR_StopDecoder() //停止解码
unsigned int SACM_DVR _ TestQueue(void) //获取语音队列状态
int SACM_DVR _Fetchqueue(void) //获取录音编码数据
void SACM_DVR_FillQueue(unsigned int encoded-data)//填充资料到语音队列,等待播放
int GetResource(long Address) //从资源文件里获取一个字型语音资料
```

中断服务函数有

```
Call F_FIQ_Service_ SACM_DVR
```

```
Call F_IRQ1_Service_ SACM_DVR
```

关于每个 API 函数的详细说明及具体应用，凌阳公司的相关技术资料已有详尽的描述，本文不再赘述。

2. 语音播放

语音播放分为四个流程：数据提取、数据解码、转换为模拟信号、转换为声音。所谓数据提取就是将语音数据送入解压缩队列；数据解码就是解压缩数据并送入输出队列；转换为模拟信号就是在定时中断的控制下进行数模转换；转换为声音就是模拟信号经过滤波、放大，通过扬声器输出。凌阳音频算法中播音原理如图 8-15 所示。

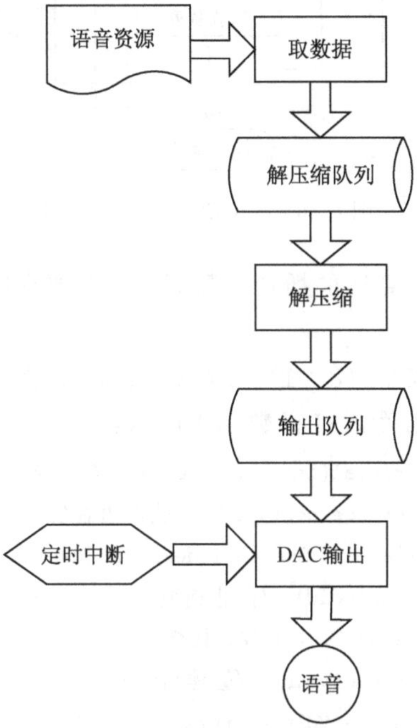

图 8-15　语音播放原理

凌阳音频压缩算法中，可用于播音的库函数有：SACM _ A2000，SACM _ S480，SACM _ S240。为了方便用户使用，而不必自己编写复杂的压缩编码程序，SPCE061A 提供了各种音频压缩编码的算法及 API 函数库，即 SACM-LIB。该库将 A/D、编码、解码、存储及 D/A 做成相应的模块，每个模块都有应用程序接口 API。用户只需了解每个模块所要实现的功能及其参数的内容，然后调用该 API 函数即可实现该功能。

凌阳 SPCE061A 芯片播放语音的逻辑原理如图 8-16 所示。

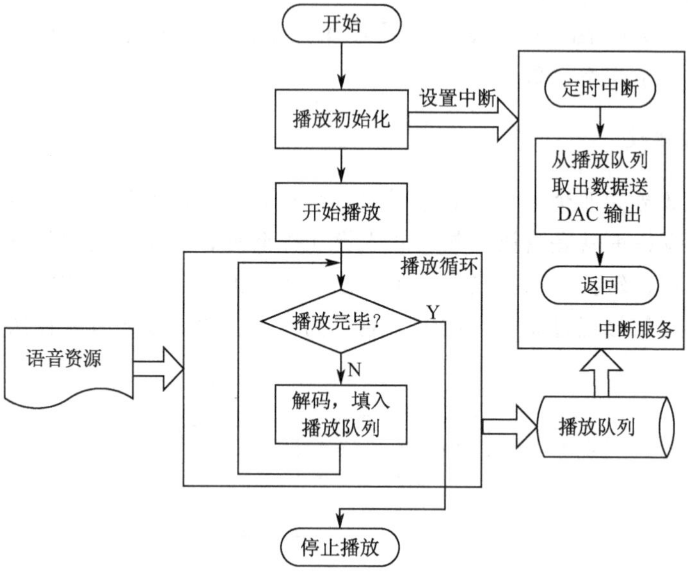

图 8-16　SPCE061A 播音原理

下面对三种不同压缩算法的播音函数库进行简要介绍。

(1) ACM _ A2000

该压缩算法压缩比较小（8∶1），所以具有高质量、高码率的特点，适用于高保真音乐和语音。其相关 API 函数如下所示：

```
void SACM_A2000_Initial(int Init_Index) //初始化
void SACM_A2000_ServiceLoop(void) //获取语音资料,填入译码队列
void SACM_A2000_Play(int Speech_Index, int Channel, int Ramp_Set) //播放
void SACM_A2000_Stop(void) //停止播放
void SACM_A2000_Pause (void) //暂停播放
void SACM_A2000_Resume(void) //暂停后恢复
void SACM_A2000_Volume(Volume_Index) //音量控制
unsigned int SACM_A2000_Status(void) //获取模块状态
void SACM_A2000_InitDecode(int Channel) //译码初始化
void SACM_A2000_Decode(void) //译码
void SACM_A2000_FillQueue(unsigned int encoded-data)//填充队列
unsigned int SACM_A2000_TestQueue(void) //测试队列
Call F_FIQ_Service_ SACM_A2000 //中断服务函数
```

(2) ACM _ S480

该压缩算法压缩比较大（80∶3），存储容量大，音质介于 A2000 和 S240 之间，适用于语音播放，音质中等。其相关 API 函数如下所示：

```
int SACM_S480_Initial(int Init_Index) //初始化
void SACM_ S480_ServiceLoop(void) //获取语音资料,填入译码队列
void SACM_ S480_Play(int Speech_Index, int Channel, int Ramp_Set) //播放
void SACM_ S480_Stop(void) //停止播放
void SACM_S480_Pause (void) //暂停播放
void SACM_S480_Resume(void) //暂停后恢复
void SACM_S480_Volume(Volume_Index) //音量的控制
unsigned int SACM_S480_Status(void) //获取模块的状态
Call F_FIQ_Service_ SACM_S480 //中断服务函数
```

(3) SACM _ S240

该压缩算法的压缩比较大（80∶1.5），价格低，适用于对保真度要求不高的场合，如玩具类产品的批量生产，编码率仅为 2.4 Kbps（1bps＝1bit/s）。其相关 API 函数如下所示：

```
int SACM_S240_Initial(int Init_Index) //初始化
void SACM_ S240_ServiceLoop(void) //获取语音资料,填入译码队列
void SACM_ S240_Play(int Speech_Index, int Channel, int Ramp_Set) //播放
void SACM_ S240_Stop(void) //停止播放
void SACM_S240_Pause (void) //暂停播放
void SACM_S240_Resume(void) //暂停后恢复
void SACM_S240_Volume(Volume_Index) //音量控制
unsigned int SACM_S240_Status(void) //获取模块状态
Call F_FIQ_Service_ SACM_S240 //中断服务函数
```

关于以上三种压缩算法中每个 API 函数的详细说明及具体应用，凌阳公司的相关技术资料已有详尽的描述，本文不再赘述。

3. 语音辨识

语音识别处理的目的是研究出一种具有人类听觉功能的机器，能够直接听懂人的讲话，理解人的意图并作出相应的反应。根据对说话人的依赖程度，分为：特定人语音识别（SD），只能辨认特定使用者的语音，需训练才能使用；非特定人语音识别（SI），可辨认任何人的语音，无需训练。根据对说话方式的要求，分为：孤立词识别，每次只能识别单个词汇；连续语音识别，用者以正常语速说话，即可识别其中的语句。其原理如图 8-17 所示。

本语音控制器为了提高识别率，采用特定人识别方式，其识别流程如图8-18所示。

凌阳 SPCE061A 具有语音识别功能模块，并通过 API 函数调用来实现。API 的 C 语言格式定义在 BSRSD. H 文件中，汇编语言格式定义在 BSRSD. INC 文件中。一些常用的 API 函数如下：

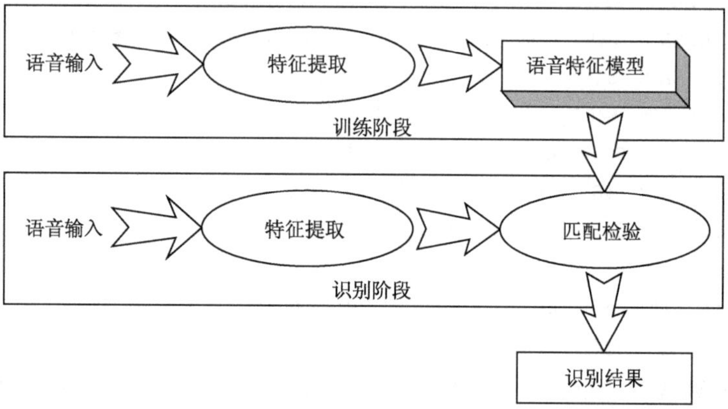

图 8-17 语音识别原理

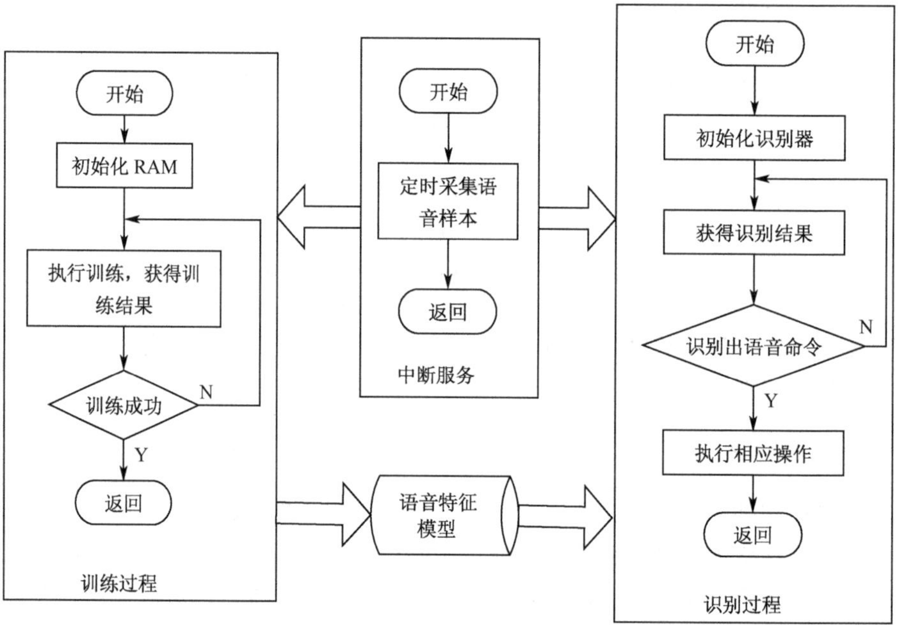

图 8-18 特定人语音识别程序流程

```
Int BSR_DeleteSDGroup(int SDGroupNo) //RAM 初始化
Int BSR_Train(int WordID, int TrainMode) //训练函数
Int BSR_InitRecognizer(int AudioSource) //语音识别器初始化
Int BSR_GetResult(void) //获取识别结果
Void BSR_StopRecognizer(void) //停止识别
Void BSR_EnableCPUIndicator(void) //启动实时监控
```

8.4.3 系统初始化程序设计

1. I/O 口初始化

输入/输出接口（简称为 I/O 口）是单片机与外设交换信息的通道。输入接口负责从外界接收检测信号、键盘信号等各种开关量信号。输出接口负责向外界输送由内部电路产生的处理结果、显示信息、控制命令、驱动信号等，其功能结构如图 8-19 所示。

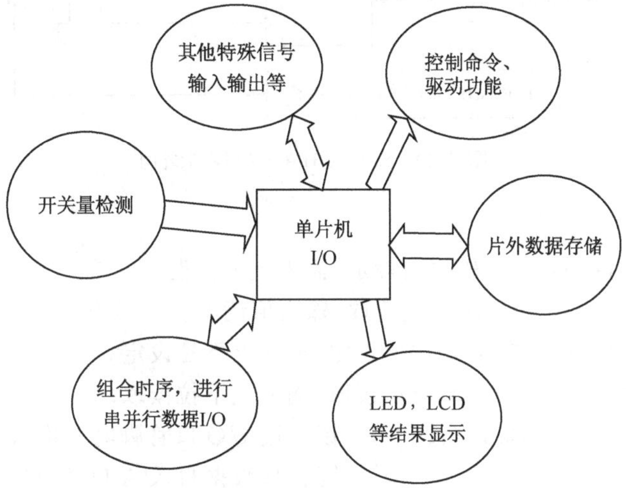

图 8-19　单片机的输入与输出

凌阳 SPCE061A 单片机有两个 16 位通用的平行 I/O 口，即 A 口和 B 口。这两个口的每一位都可以通过编程单独定义成输入或输出口。每口可接的电压范围为 3.3～5.5V，具有悬浮、上拉、下拉等多种输入方式，适应不同的外围器件对接口要求。具备同相和反相输出方式。A 口的 IO0～IO7 用做输入口时具有键唤醒功能，IO0～IO6 也可作为 7 路普通 AD 输入端口，B 口可设置为特殊功能端口。SPCE061A 的 I/O 端口结构如图 8-20 所示。

A 口和 B 口的数据寄存器、属性寄存器和方向寄存器的设定值均在不同的寄存器里，这里介绍如下，其中的 IOX 表示 A 口或 B 口。

输入输出设置

P_IOX_Dir：1-输出；0-输入。

属性设置

P_IOX_Attrib：1-悬浮输入/同相输出；

0-上下拉输入/反相输出。

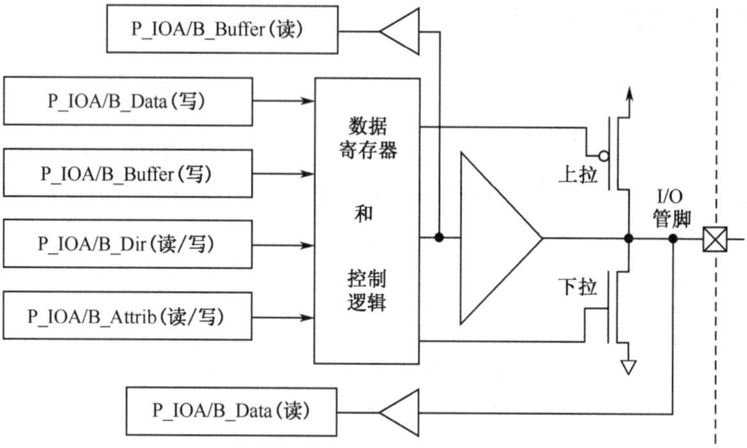

图 8-20 SPCE061A I/O 端口结构

状态读写

P _ IOX _ Data：写：输出值设定/输入上下拉设定；

读：输出值读取/输入值读取。

P _ IOX _ Buffer：写：输出值设定/输入上下拉设定；

读：输出值读取/输入上下拉读取。

注 P _ IOA/B _ Data（读/写）：读：读 I/O 口管脚电平状态；

写：将数据写入 A 口的数据寄存器。

P _ IOA _ Buffer（读/写）：读：从 A 口数据寄存器内读数值；

写：将 I/O 口的数据向量写入 I/O 口的数据寄存器。

下面通过一个简单的例子来具体说明，例中只列出设置部分的程序。设置端口：IOA［3～0］为带下拉电阻的输入口，IOA［7～4］为带上拉电阻的输入口，IOA［11～8］为带数据缓存器的高电平输出口，IOA［15～12］为带数据缓存器的低电平输出口。

```
R1 = 0XFF00;            //设置 A 口的方向向量,IO0～IO7 为输入口
[P-IOA-Dir] = R1;       // IO8～IO15 为输出口
R1 = 0XFF00;            //设置 A 口的属性向量,IO0～IO7 为上拉或下拉输入
[P-IOA-Attrib] = R1;    // IO8～IO15 为同相输出
R1 = 0X0FF0;            //设置 A 口的数据向量,IO0～IO3 为下拉输入口
[P-IOA-Data] = R1;      //IO4～IO7 为上拉输入口,IO8～IO11 为高电平输出口,
                          IO12～IO15 为低电平输出口
```

2. 中断设置

SPCE061A 的中断系统是凌阳 16 位单片机中中断功能较强的一种，可以提

供 14 个中断源，具有两个中断优先级，可实现两级中断嵌套功能。用户可以用关中断指令（或复位）屏蔽所有的中断请求，也可以用开中断指令使 CPU 接受中断申请。每一个中断源可以用软件独立控制为开或关中断状态；但中断级别不可用软件设置。SPCE061A 的结构给出了三种类型的中断：软件中断、异常中断和事件中断。

1）软件中断。软件中断是由软件指令 break 产生的中断。软件中断的向量地址为 FFF5H。

2）异常中断。异常中断表示为非常重要的事件，一旦发生，CPU 必须立即进行处理。目前 SPCE061A 定义的异常中断只有“复位”一种。通常，SPCE061A 系统复位可以由以下三种情况引起：上电、看门狗计数器溢出以及系统电源低于电压下限。不论什么情况引起复位，都会使复位引脚的电位变低，进而使程序指针 PC 指向由一个复位向量（FFF7H）所指的系统复位程序入口地址。

3）事件中断。事件中断（可简称“中断”，以下提到的“中断”均为事件中断）一般产生于片内部件或由外设中断输入引脚引入的某个事件。这种中断的开通/禁止，由相应独立使能和相应的 IRQ 或 FIQ 总使能控制。SPCE061A 的事件中断可采用两种方式：快速中断请求（FIQ 中断）和中断请求（IRQ 中断）。

SPCE061A 单片机的中断系统有 14 个中断源，分为两个定时器溢出中断、两个外部中断、一个串行口中断、一个触键唤醒中断、7 个时基信号中断、PWM 音频输出中断，如表 8-2 所示。

表 8-2　中断源与中断向量

中断源	中断优先级	中断向量	保留字
fosc/1024 溢出信号　PWM INT	FIQ/IRQ0	0xFFF8/0xFFF6	-FIQ/-IRQ0
TimerA 溢出信号	FIQ/IRQ1	0xFFF9/0xFFF6	-FIQ/-IRQ1
TimerB 溢出信号	FIQ/IRQ2	0xFFFA/0xFFF6	-FIQ/-IRQ2
外部时钟源输入信号　EXT2 外部时钟源输入信号　EXT1 触键唤醒信号	IRQ3	0xFFFB	-IRQ3
4096Hz 时基信号 2048Hz 时基信号 1024Hz 时基信号	IRQ4	0xFFFC	-IRQ4
4Hz 时基信号 2Hz 时基信号	IRQ5	0xFFFD	-IRQ5
频选信号　TMB1 频选信号　TMB2	IRQ6	0xFFFE	-IRQ6
UART 传输中断	IRQ7	0xFFFF	-IRQ7
BREAK		软中断	

从表中可以看到每个中断入口地址对应多个中断源，因此在中断服务程序中需通过查询中断请求位来判断是哪个中断源请求的中断。中断优先级关系如下：

FIQ＞(IRQ0＞IRQ1＞IRQ2＞IRQ3＞IRQ4＞IRQ5＞IRQ6)＞UART IRQ

SPCE061A 单片机的中断服务流程如图 8-21 所示。

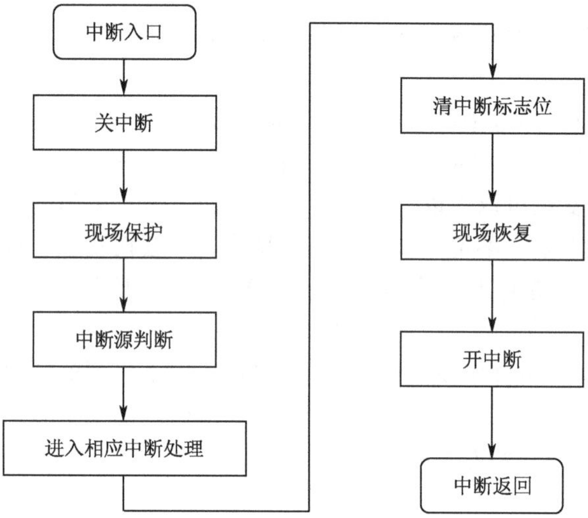

图 8-21　中断服务流程图

SPCE061A 单片机有多个中断源，为了使每个中断源都能独立地被开放和屏蔽，以便用户能灵活使用，它在每个中断信号的通道中设置了一个中断屏蔽触发器，只有该触发器无效，它所对应的中断请求信号才能进入 CPU，即此类型中断开放。否则即使其对应的中断请求标志位置“1”，CPU 也不会响应中断，即此类型的中断被屏蔽。同时 CPU 内还设置了一个中断允许触发器，它控制 CPU 能否响应中断。

SPCE061A 对中断源的开放和屏蔽，以及每个中断源是否被允许中断，都受中断允许寄存器 P _ INT _ Ctrl 和 P _ INT _ Clear 及 P _ INT _ Ctrl _ New 控制和一些中断控制指令控制。

(1) 中断控制单元 P _ INT _ Ctrl（读/写）(7010H)

P _ INT _ Ctrl 控制单元具有可读和可写的属性，其读写时的意义是不同的。当写中断控制单元中的某位为“1”时，即允许该位所代表的中断被开放，并关闭屏蔽中断触发器，此时当有该中断申请时，CPU 会响应。否则如果该位被置 0 则禁止该位所代表的中断。即使有中断申请，CPU 也不会响应。当读取中断控制单元时，其主要作为中断标志，因为其每一位均代表一个中断，当 CPU 响应某中断时，便将该中断标志置“1”，即将 P _ INT _ Ctrl 中的某位置“1”，可以通过读取该寄存器来确定 CPU 响应的中断。

（2）清除中断标志控制单元 P _ INT _ Clear（写）（7011H）

清除中断标志控制单元主要用于清除中断控制标志位，当 CPU 响应中断后，会将中断置位标志为“1”，当进入中断服务程序后，要将其控制标志清零，否则 CPU 总是执行该中断。因为 P _ INT _ Clear 寄存器的每一位均对应一个中断，所以如果想清除某个中断状态标志，只要将该寄存器中对应的中断位置 1 即可清除该中断状态标志位。该寄存器只有写的属性，读该寄存器是无任何意义的。

（3）激活和屏蔽中断控制单元 P _ INT _ Ctrl _ New（读/写）（702DH）

该单元用于激活和屏蔽中断。当写该控制单元时，与 P _ INT _ Ctrl 功能相似。读该控制单元时，可以激活中断功能，与其写入值是一致的。

（4）中断控制指令

FIQ ON 功能：用来开通 FIQ 中断（FIQ 的总中断允许开），其控制指令不能代替 P _ INT _ Ctrl，也就是说即使在程序中，写了该代码但是没有在 P _ INT _ Ctrl 寄存器中 FIQ 处置位 1，CPU 无法响应该中断。FIQ ON 与 FIQ OFF 是配对使用的。

FIQ OFF 功能：这个指令用来屏蔽 FIQ 中断。该指令可以屏蔽 P _ INT _ Ctrl 控制寄存器打开的 FIQ 中断。

IRQ ON（IRQ 的总中断允许开）功能：这个指令用来开放 IRQ 中断，该控制指令不能代替 P _ INT _ Ctrl，与 FIQ ON 相同。必须通过 P _ INT _ Ctrl 来开通中断，与 IRQ OFF 是对应使用的。

IRQ OFF 功能：这个指令用来屏蔽 IRQ 中断。与 FIQ OFF 相同，可以屏蔽 P _ INT _ Ctrl 开放的中断，并通过 IRQ ON 来打开。

INT 功能：这个指令用来设置允许/禁止 FIQ 和 IRQ 中断。该控制指令与前面的指令相同，只有先通过 P _ INT _ Ctrl 寄存器来打开中断通道。INT 控制指令还可以细分为：

INT FIQ 功能：允许 FIQ 中断，关闭 IRQ 中断。

INT IRQ 功能：允许 IRQ 中断，关闭 FIQ 中断。

INT FIQ，IRQ 功能：允许 FIQ 中断，允许 IRQ 中断。

INT OFF 功能：关闭 FIQ 中断，关闭 IRQ 中断。

下面通过一个简单的例子来说明中断的设置：

```
.INCLUDE hardware.inc
.INCLUDE A2000.inc
.CODE
.PUBLIC _main
_main:
```

```
R1 = 0x8004 //开中断 IRQ5_2Hz 和 FIQ_PWM
[P_INT_Ctrl] = R1
INT FIQ //屏蔽 IRQ5 中断
INT IRQ //允许 IRQ
INT FIQ,IRQ //允许 IRQ ,FIQ
INT OFF //屏蔽 IRQ 和 FIQ
Loop: goto Loop
```

8.4.4 主控程序设计

本语音控制器采用特定人识别方式，特定发音人识别是指语音样板由单个人训练，对该训练人的语音命令识别准确率较高，而其他人的语音命令识别准确率较低或不识别。因此，整个主控程序包括三部分：语音提示、训练样本和语音识别。

语音提示是我们先在 PC 机上录制 *.wav 声音文件，然后利用凌阳公司的压缩算法程序转换为 SPCE061A 的 IDE 开发环境可以编译调用的格式。再将压缩后的语音文件加入程序的资源文件中，然后再在 resoure.asm 的 end table 后添加相应的语音资源的文件名，在程序中根据语音资源文件的地址声明即可调用语音播放的 API 函数进行提示语音的播放。本控制器主控程序共有 5 条语音提示，分别为名称应答音“咦、咦”，四条运动方向提示语音，“上升”、“下降”、“向左转”、“向右转”。

语音训练过程主要是靠调用库函数 BSR _ Train 来完成，为了防止误命令，每条语音命令训练两遍，只有两次命令相同时才成功，BSR _ Train 函数有 8 种可能的返回值：

0　训练成功；

－1　没有检测到命令；

－2　需要再训练一次，每条命令训练两次，第一次训练成功则返回－2；

－3　环境太吵；

－4　存储器满；

－5　两次命令不一样；

－6　命令序号超出范围；

－7　命令已存在。

训练成功则训练下一条，否则继续训练。

语音识别程序包括识别程序和中断服务程序。识别程序完成选取词库、初始化 A/D 和定时器 TimerA、识别运算及识别结果处理，流程如图 8-22。中断服务程序定时读取 A/D 转换结果，并存入缓冲区，A/D 的输入为 MIC 通道的语音信号。语音识别和放音分时复用 TimerA FIQ 中断，由标志位判断是语音识别处理还是放音处理。中断服务程序的流程如图 8-23 所示。

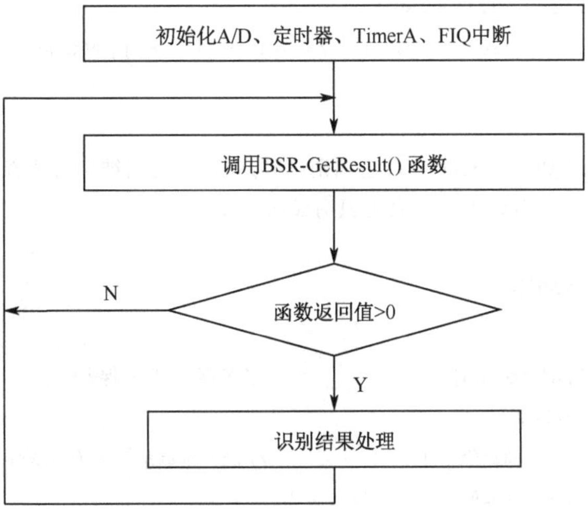

图 8-22　特定人语音识别主流程图

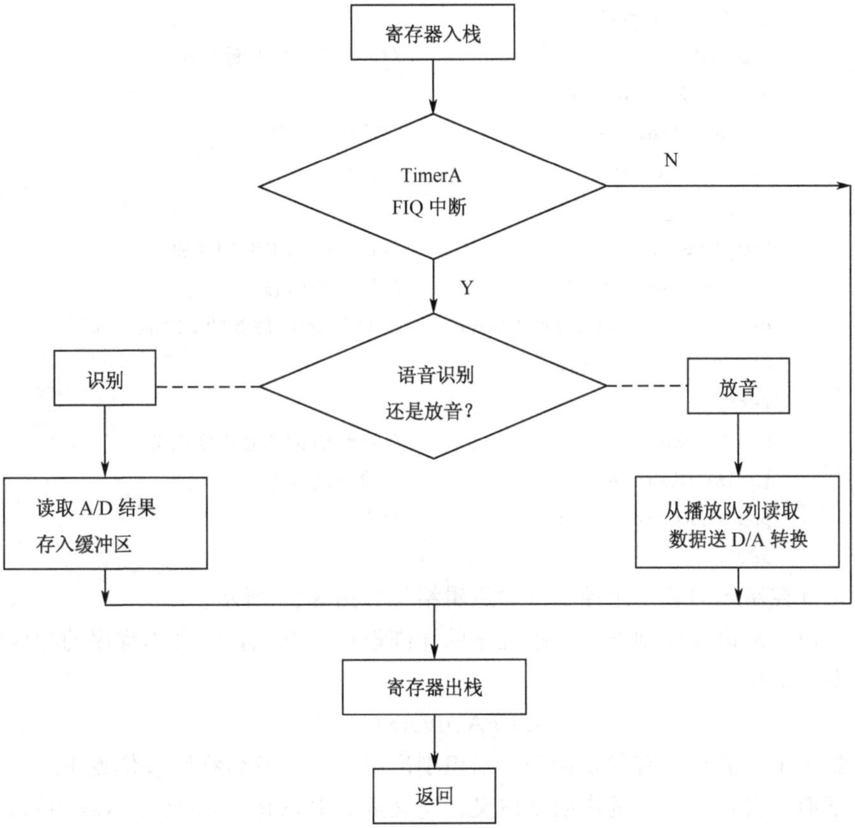

图 8-23　特定人语音识别中断流程图

语音识别程序的代码如下：

```
BSR_InitRecognizer(BSR_MIC); //初始化识别器,包括 AGC,ADC,TimerAFIQ 中断
while(1)
{
res = BSR_GetResult(); //主识别函数,识别成功则结果为语音命令的顺序号
if(res > 0) //结果>0,表明识别成功,相应处理
}
```

中断服务程序如下：

```
FIQ:
  PUSH R1,R4 to [sp];                 //寄存器压栈保护
  R1 = 0x2000;
  test R1,[P_INT_Ctrl];               //是 TimerA 的 FIQ 中断?
  jnz L_FIQ_TimerA;
  R1 = 0x0800;
  test R1,[P_INT_Ctrl];               //是 TimerB 的 FIQ 中断?
  jnz L_FIQ_TimerB;
L_FIQ_PWM:                            //PWM 的 FIQ 中断服务
  R1 = C_FIQ_PWM;
  [P_INT_Clear] = R1;                 //清中断标志
  POP R1,R4 from[sp];                 //出栈
  reti;
L_FIQ_TimerA:                         //TimerA 的 FIQ 中断服务
  [P_INT_Clear] = R1;                 //清中断标志
  call F_FIQ_Service_SACM_S480;       //调用 S480 播放的 FIQ 服务程序
  pop R1,R4 from [sp];                //出栈
  reti;
L_FIQ_TimerB:                         //TimerB 的 FIQ 中断服务
  [P_INT_Clear] = R1;                 //清中断标志
  pop R1,R4 from [sp];                //出栈
  RETI;
```

语音控制器的整个主控程序的逻辑结构如图 8-24 所示。

下面给出语音控制器的主控程序的详细设计。首先，定义本程序的相应的全程变量。例如

$$\text{int gActivated} = 0$$

该变量用于检测是否有触发命令，当识别出语句为触发名称则该位置 1。

下面是自定义函数的声明及定义，定义函数 PlayRespond(int Result)，它的功能是根据主程序中传递的不同参数，来播放相应的语音命令提示音。并对语音

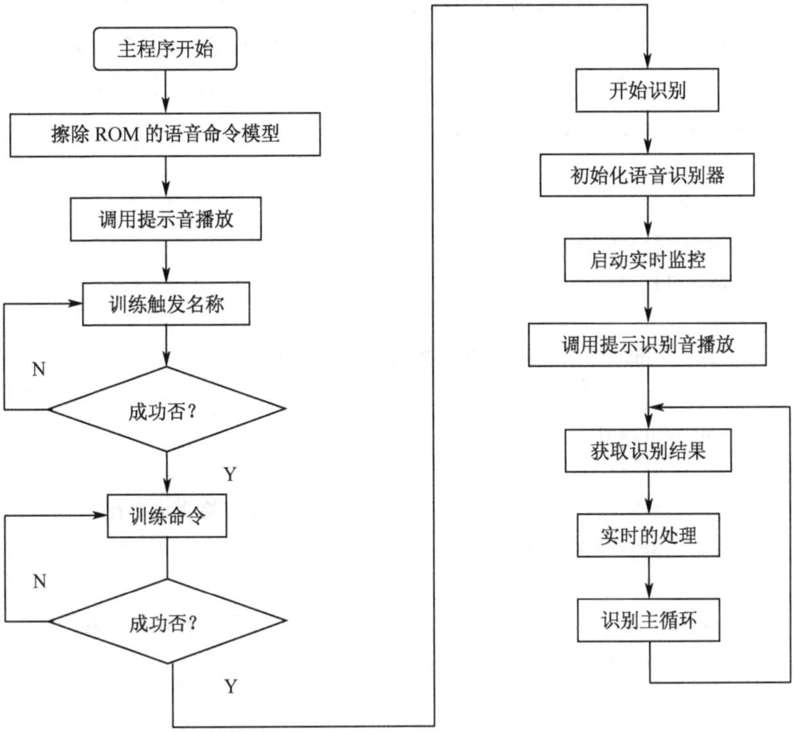

图 8-24　语音控制器主程序逻辑结构图

识别功能进行相应的初始设定。

```
void PlayRespond(int Result)
{
  BSR_StopRecognizer();
  SACM_S480_Initial(1);
  SACM_S480_Play(Result, 3, 3);
  while((SACM_S480_Status()&0x0001) ! = 0)
{
    SACM_S480_ServiceLoop();
    ClearWatchDog();
  }
  SACM_S480_Stop();
  BSR_InitRecognizer(BSR_MIC);
  BSR_EnableCPUIndicator();
}
```

定义函数 TrainWord(int WordID, int RespondID)，该函数的功能根据相应

的参数来进行语音命令的训练，并反馈不同的训练结果，训练成功则返回 0，训练失败则根据原因返回－1～－6 的不同值。该函数的第一个参数是训练的语音命令序号，第二个参数是与第一个参数对应的播放语音提示的序号。

```
int TrainWord(int WordID, int RespondID)
{
  int res;
  PlayRespond(RespondID);
  while(1)
  {
    res = BSR_Train(WordID,BSR_TRAIN_TWICE);
    if(res = = 0) break;
    switch(res)
    {
    case -1:                                    //没有检测出声音
        PlayRespond(5);
        return -1;
    case -2:                                    //需要重新训练一遍
        PlayRespond(6);
        break;
    case -3:                                    //环境太吵
        PlayRespond(5);
        return -1;
    case -4:                                    //数据库满
        return -1;
    case -5:                                    //检测出声音不同
        if(WordID = = NAME_ID)
        PlayRespond(5);                         //两次输入名称不同
        else
        PlayRespond(5);                         //两次输入命令不同
        return -1;
    case -6:                                    //序号错误
        return -1;
    }
  }
  return 0;
}
```

定义函数 Clear _ all()，该函数的功能是对液晶模块清屏。

```
void Clear_all()
```

```
{
   unsigned int i = 0x0108;
  * P_IOA_Data = i;
  F_Delay(2);
}
```

定义函数 WR _ FUNCTION()，该函数的功能是把液晶模块设为基本指令集。

```
void WR_FUNCTION()
{
  int j;
    unsigned int i = 0x30E8;
    * P_IOA_Data = i;
  for (j = 0;j<55;j + + )
  {
     int a = 0;
  }
}
```

定义函数 WR _ ADDR(int a)，该函数的功能是设置汉字在液晶屏上显示的位置。

```
void WR_ADDR(int a)
{
  int i = 0x00E8,p;
  unsigned int j = a * 256;
  unsigned int m = j|i;
  * P_IOA_Data = m;
  for (p = 0;p<55;p + + )
  {
    int b = 0;
  }
    }
```

定义函数 WR _ DATA(unsigned int i)，该函数的功能是向液晶模块输入显示汉字的编码。

```
void WR_DATA(unsigned int i)
{
    int j = 0x00E0, a;
    unsigned m,h,n,q,l;
    n = i&0x00ff;
```

```
        q = n * 256;
        l = j|q;
        * P_IOA_Data = l;
        for ( a = 0;a<55;a + + )
      {
         int b = 0;
      }
      m = i&0xff00;
      h = j|m;
      * P_IOA_Data = h;
      for ( a = 0;a<55;a + + )
      {
        int b = 0;
      }
}
```

定义函数 F _ GoUpCtr(int n)，该函数的功能是根据语音命令，实现上升这一基本动作的控制处理，并在液晶模块上显示汉字“当前状态 上升”。

```
void F_GoUpCtr(int n)     //上升
{
    int i,j ;
    ClearWatchDog();
    Clear_all() ;
    WR_FUNCTION();
    WR_ADDR(0x82);
    WR_DATA(0xB5B1);
    WR_ADDR(0x83);
    WR_DATA(0xC7B0);
    WR_ADDR(0x84);
    WR_DATA(0xD7B4);
    WR_ADDR(0x85);
    WR_DATA(0xCCAC);
    WR_ADDR(0x8B);
    WR_DATA(0xC9CF);
    WR_ADDR(0x8C);
    WR_DATA(0xC9FD);

    for(j = 0;j<n;j + + )
    {
```

```
        ClearWatchDog();
        F_Delay(150);
        }
    }
```

对于其他的定义函数，如下降、左转、右转等，与上面定义的上升的函数类似，在此不再赘述。

以下为主程序设计的逻辑代码：

```
    int main()
    {
        //定义所需的变量
        int res,jk,k, timeCnt = 0, random_no = 0, … ;
        // 清看门狗
        ClearWatchDog();
        // 初始化设置 B 口
        SP_Init_IOB(0xff00,0x0000,0xff00);
        // 初始化设置 A 口
        SP_Init_IOA(0xffff,0xffff,0xffff);
        // 初始化存储器 RAM
        BSR_DeleteSDGroup(0);
        //语音命令训练及处理
    {
          … …
        PlayRespond(0);               //播放开始训练的提示音
        //训练名称
        while(TrainWord(NAME_ID,0) ! = 0) ;
        //训练第一条命令
        while(TrainWord(COMMAND_ONE_ID,1) ! = 0) ;
        //训练第二条命令
        while(TrainWord(COMMAND_TWO_ID,2) ! = 0) ;
        //训练第三条命令
        while(TrainWord(COMMAND_THREE_ID,3) ! = 0) ;
        //训练第四条命令
        while(TrainWord(COMMAND_FORE_ID,4) ! = 0) ;
          … …
    }
    ////开始识别命令
        //辨识器初始化
        BSR_InitRecognizer(BSR_MIC);
```

```
        //播放开始辨识的提示音
        PlayRespond(0);
        PlayRespond(0);
        iMoveFlag = 0;
        while(1)
        {
            random_no + + ;
            if(random_no >= 3) random_no = 0;
            res = BSR_GetResult();
        //识别出命令
            if(res > 0)
            {
                if(gActivated)
                {
                timeCnt = 0;
        // 相应的处理
                switch(res)
                {
                case NAME_ID:
                    PlayFlag = 0;
                ClearWatchDog();
                F_StopCtr();
                    iMoveFlag = 1;
                    iMoveFlagBS = 0;
                    break;
                case COMMAND_ONE_ID:
                    PlayRespond(1);
                    ClearWatchDog();
                    F_GoUpCtr(600);
                    iMoveFlag = 0;
                    iMoveFlagBS = 0;
                    gActivated = 0;
                    F_StopCtr();
                    break;
                ……
        }
        ……
}
```

参考文献

[1] 陈方,高升.语音识别技术及发展,CTI论坛[EB/OL]. 2006. http://www.ctiforum.com/technology/asr/asr0502.htm.

[2] 王炳锡,屈丹,彭煊. 实用语音识别基础[M]. 北京:国防工业出版社,2005.

[3] Dan E. Speech and Audio Processing and Recognition[M]. New York: Dept. of Electrical Engineering, Columbia University, 2003.

[4] 刘克. 实用马尔可夫决策过程[M]. 北京:清华大学出版社,2004.

[5] 谢锦辉. 隐马尔可夫模型及其在语音处理中的应用[M]. 武汉:华中理工大学出版社,1995.

[6] Young S J, Woodland P C. State clustering in HMM-based continuous speech recognition [J]. Computer Speech and Language, 2000, 30(5):70~79.

[7] Huang X, Acero A, Hon H W. Spoken Language Processing: A Guide to Theory, Algorithm and System Development[M]. Indiana:Prentice Hall PTR, 2001.

[8] 王作英,肖熙. 基于段长分布的HMM语音识别模型[J]. 电子学报,2004,32(1):46~49.

[9] 朱民雄,闻新,黄健群等.计算机语音技术(修订版)[M]. 北京:北京航空航天大学出版社,2002.

[10] 蔡莲红,黄德智,蔡锐.现代语音技术基础与应用[M]. 北京:清华大学出版社,2003.

[11] 张圣勤. MATLAB7.0实用教程[M]. 北京:机械工业出版社,2006.

[12] 赵立. 语音信号处理[M]. 北京:机械工业出版社,2005.

[13] 易克初,田斌,付强.语音信号处理[M]. 北京:国防工业出版社,2003.

[14] 杨行峻,迟惠生. 语音信号数字处理[M]. 北京:电子工业出版社,2001.

[15] 王让定,柴佩琪.一个基于谱熵的语音端点检测改进方法[J].信息与控制,2004,33(1):77~81.

[16] Mezura-Montes E, Coello C A. A simple multimembered evolution strategy to solve constrained optimization problems[J]. IEEE Transactions on Evolutionary Computation, 2005,9(1): 1~17.

[17] Alba E, Dorronsoro B. The exploration/exploitation tradeoff in dynamic cellular genetic algorithms [J]. IEEE Transactions on Evolutionary Computation,2005,9(2):126~142.

[18] Childers D G. Speech Processing and Synthesis Toolboxes(影印版)[M]. 北京:清华大学出版社,2004.

[19] 云庆夏. 进化算法[M]. 北京:冶金工业出版社,2000.

[20] SENSORY, Inc. RSC-300/364 DATA SHEET[EB/OL]. 1999. http://www.sensoryinc.com/support/documentation.html.

[21] 肖熙,王侠,王作英. 基于Dialogic语音卡实时数据采集的电话语音识别系统[J]. 计算机工程与应用,2004,8(1): 14~17.

[22] Intel Dialogic Corporation. Dialogical/4 PCI Voice Board Manual[M]. 1999.

[23] Intel Dialogic Corporation. Dialogical/12 JCT-LS PCI Voice Board Manual[M]. 2001.

[24] Nuance Inc. Nuance Developer Working Platform[M]. 2000.

[25] Nuance Inc. Nuance Runtime Library for Windows[M]. 2000.

[26] 李爱振. CTI技术与呼叫中心[M].北京:电子工业出版社,2002.

[27] Klatt D H. Review of text-to-speech conversion for English[J]. J. Acoust. Soc. Am., 1987, 82(3): 737~793.

[28] Linggard R. Electronic Synthesis of Speech[M]. Cambridge:Cambridge University Press, 1985.

[29] Allen J, Hunnicutt M S, Klatt D. From Text to Speech: The MITalk System[M]. Cambridge: Cambridge University Press, 1987.

[30] 北京捷通华声语音技术有限公司. jTTS4.5 技术文档[EB/OL]. 2006. http://www.sinovoice.com.cn/fwzc/2-d-1.htm.

[31] Michael B. 计算机电话系统-CTI 与呼叫中心[M]. 姜晓铭,杨水超等译. 北京: 电子工业出版社, 2002.

[32] 张臻. 开放式 IVR 平台的设计与实现[M]. 北京: 电子工业出版社, 2000.

[33] SALT 论坛. SALT technical white paper[EB/OL]. 2001. http://www.saltforum.org/.

[34] Intel Corporation, Microsoft Corporation, Philips Electronics, et al. Speech application language tags (SALT) 1.0 specification [EB/OL]. 2006. http://www.saltforum.org/saltforum/downloads/SALT1.0.pdf.

[35] Dahl D. Summary of SALT 1.0 elements[EB/OL]. 2002. http://www.saltforum.org/devforum/tutorials/tutorials/SALTSummary2.asp.

[36] Alex H J, Dave S. Professional ASP.NET 1.0 高级编程[M]. 北京:清华大学出版社, 2002.

[37] 迟艳玲. 机器人语音控制及人机交互系统的实现[D]. 北京:中国科学院自动化研究所, 2002.

[38] 刘福才,王冬云. 语音识别技术及其在控制领域中的应用研究[J]. 可编程控制器与工厂自动化, 2005, (11): 6～10.

[39] 潘爱民. COM 原理与应用[M]. 北京:清华大学出版社, 1999.

[40] Nuance Company. Nuance Developer's Guide (Nuance V7.04)[M]. 2000.

[41] 陆璐,施伯乐. 基于 Web 的远程机器人控制系统的研究[J]. 机器人, 2001, 23(2): 152～155.

[42] 马力波. 网络远程机器人控制系统及关键技术研究[D]. 重庆:重庆大学, 2003.

[43] 顾宁,刘家茂,柴晓路. Web Services 原理与研发实践[M]. 北京: 机械工业出版社, 2005.

[44] 杨明华,钱乐秋,赵文耘等. 特定领域本体的构造方法[J]. 计算机工程, 2006, 32(11): 80～82.

[45] Song T X, Huang B Q, Liu Y H. Research on enterprise collaboration and integration in supply chains based on semantic Web services[C]. Proc. of 2007 International Conference on Semantic Web and Web Services (SWWS'07), Las Vegas, Nevada, USA, 2007: 71～76.

[46] 宋庭新,熊健民,刘幺和. 基于语义 Web 服务的业务协同与集成技术研究[C]. 2006 年湖北省博士论坛——先进制造技术与装备. 武汉:湖北省机械工程学会, 2006, 11: 129～132.

[47] 固高科技(深圳)有限公司. GT 系列工业机器人运动控制器编程手册[M]. 2003.

[48] Cardellini V, Casalicchio E, Colaianni M. A performance study of distribute architectures for the quality of Web services[C]. Proc. of Hawaii Intl. Conf. on System Sciences, 2001: 355, 356.

[49] 陆建江,张亚非,苗壮等. 语义网原理与技术[M]. 北京:科学出版社, 2007.

[50] 胡海璐,彭接文,胡智宇. XML Web Services 高级编程范例[M]. 北京:电子工业出版社, 2003.

[51] Michael H. Microsoft Visual C#.NET Step by Step[M]. Seattle: Microsoft Press, 2002.

[52] 李晶皎. 嵌入式语音技术及凌阳 16 位单片机应用[M]. 北京:北京航空航天大学出版社, 2003.

[53] 闵华松,张颖,陈奎生. 基于 SPCE061A 的串行数据采集及控制系统的设计[J]. 武汉科技大学学报, 2003, 26(3): 301～303.

[54] 赵世强,荆炳礼,赵满. 凌阳 16 位单片机 SPCE061A 的最小系统及开发[J]. 国外电子元器件, 2003, (5): 37～39.

[55] 胡峻辉,王蓓蕾,李晶皎. 基于凌阳单片机的语音信号实时采集[J]. 单片机与嵌入式系统应用, 2003, 20(4): 41～43.

[56] 崔光照,李淑君,吴晓平. 具有语音提示功能的洗衣机控制器的研制[J]. 计算机应用，2003,(10):19,20.

[57] 冯志慧,许利军,薛鹏涛等. 一种基于单片机控制的ISD4004语音芯片应用电路[J]. 微计算机信息，2003,19(7):55,56.